少儿环保科普小丛书

大自然的物质循环

本书编写组◎编

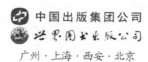

中国出版集团公司

世界图书出版公司

广州·上海·西安·北京

图书在版编目（CIP）数据

大自然的物质循环／《大自然的物质循环》编写组
编. ——广州：世界图书出版广东有限公司，2017.3
ISBN 978 - 7 - 5192 - 2470 - 7

Ⅰ. ①大… Ⅱ. ①大… Ⅲ. ①自然科学 – 青少年读物
Ⅳ. ①N49

中国版本图书馆 CIP 数据核字（2017）第 049880 号

书　　名：大自然的物质循环
　　　　　Daziran De Wuzhi Xunhuan

编　　者：本书编写组
责任编辑：冯彦庄
装帧设计：觉　晓
责任技编：刘上锦
出版发行：世界图书出版广东有限公司
地　　址：广州市海珠区新港西路大江冲 25 号
邮　　编：510300
电　　话：（020）84460408
网　　址：http：//www. gdst. com. cn/
邮　　箱：wpc_ gdst@ 163. com
经　　销：新华书店
印　　刷：虎彩印艺股份有限公司
开　　本：787mm×1092mm　1/16
印　　张：13. 25
字　　数：208 千
版　　次：2017 年 3 月第 1 版　2019 年 2 月第 2 次印刷
国际书号：ISBN 978 - 7 - 5192 - 2470 - 7
定　　价：29. 80 元

前　言

　　自然界是由许多物质组成的，如：大气、水、岩石和土壤等。这些物质并不是简单汇集在一起，或在空间的偶然结合，而是通过大气循环、水循环、碳循环和地质循环等一系列地表物质的运动和能量的交换，彼此之间发生密切的相互联系和相互作用，从而在地球表面形成了一个特殊的自然综合体。它们是一个不可分割的整体。自然界中的生命体，究其根本，也是由物质和能构成的。

　　物质循环在我们赖以生存的地球上是不可或缺的，生物体也必须依赖环境中的生活资源而得以持续发展。物质在地球上实际是不灭的，只是在生物及非生物世界中流转。举水为例来说，水明显地存在于河、海、湖泊当中，亦经蒸发而进入大气。部分植物体可以利用大气中的水，但大部分的植物体则利用下雨降至地表的水。地表水存在于土壤中，为植物体的根所吸收，然后进入植物体；植物活体的蒸散作用，及其遗体经细菌分解的结果，使水离开植物体。动物体用消化器官将水吸收入体内，以进行其代谢活动；而动物体的排泄作用，及其遗体经细菌分解的结果，使水返回水圈。自然界中的其他元素也有循环。总之，在物质循环中，绿色植物和细菌、真菌，通过吸收、合成、分解、释放，互为依存，互为矛盾统一，促进了自然界中的物质不断运动。

　　自然界中有各种物质循环，其中绿色植物和非绿色植物起着非常重要的作用，如碳的循环，绿色植物在光合作用中吸收了空气中的二氧化碳，转变成糖类等有机物构成植物、动物躯体、细菌、真菌等，把动植物尸体，排泄物等有机物分解时，又把碳以二氧化碳的形式释放出来。动植物呼吸、物质燃烧、火山爆发所释放的二氧化碳，又可供绿色植物利用，形成了自然界碳的相对平衡。

在自然界中，生物和非生物的成分之间，也是通过不断的物质循环而互相作用、互相依存的统一整体，构成了生态系统。如果生态系统受到外界的压力和冲击太大，就会引起生态系统的崩溃，导致生物种类和数量的减少。人类的生产活动强烈地干扰着自然生态系统的平衡和改变其面貌。人类的合理开发自然，能促进生态系统的发展；如果不合理开发，常导致森林毁灭、水土流失、水源枯竭、草原荒废、河流干涸、土地沙漠化、盐渍化，野生动植物趋于绝灭等，这样的开发，在获得一定"成功"之后，必然遭到自然界的报复，而得到更惨败的结果。

为了使读者朋友了解这神秘的物质循环世界，编者分别从大气循环、水循环、地壳物质循环、碳循环等方面具体讲述了自然界的这些物质是怎样循环的。

目 录
Contents

大气循环

大气循环概述

　　大气循环是空气围绕地球表面的运动。它是由于地球表面的不均匀受热，扰乱了大气的平衡，导致了空气运动和大气压力的改变而引起的。由于地球有弯曲的表面，它绕倾斜的轴旋转，同时也绕太阳进行轨道运动，地球的靠近赤道区域比极地区域从太阳接收到更多的热量。所有这些因素都会影响太阳照射地球某一地面的时间长度和角度。

　　在一般的循环理论中，低压区域存在于近赤道地区，高压区域存在于近极地地区，原因是温度的差异。阳光的加热导致空气的密度降低，从而在近赤道地区上升。作为结果的低压使得极地的高压空气沿地球表面向赤道区域流动。当温暖的空气流向极地时，它会变冷，变得更加稠密，进而下沉回到地面（如图）。

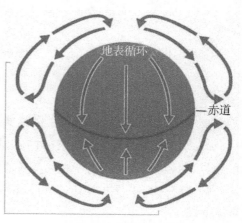

理论上的大气循环

　　这个空气循环模式在理论上是正确的，然而，空气循环被几个力改变了，最为重要的是地球的自转。

地球自转产生的力称为科里奥利力（简称为地球自转偏向力）。这个力在我们走动时是无法感觉得到的，因为相对于地球自转的范围和速度我们行进的速度很慢，行进的距离也相当地短。然而，它会明显地影响移动很大距离的物体，例如一个气团或者水体。地球自转偏向力在北半球使得空气向右偏转，导致它沿着弯曲的路线前进而不是直线。偏转的程度根据纬度的不同而变化。在极地是最大的，而在赤道降低为零。地球自转偏向力的大小也随运动物体的速度而不同，速度越快，偏转得越大。在北半球，地球的自转使运动的空气向右偏转，而且改变了空气的总体循环模式。

　　地球的自转速度导致每个半球上整体的气流分开成三个明显的气流单元（如图）。

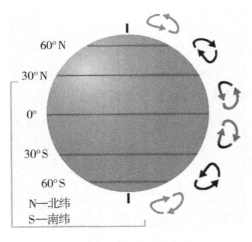

60°N
30°N
0°
30°S
60°S
N—北纬
S—南纬

实际中的大气循环

　　在北半球，赤道地区的暖空气从地表向上升起，向北流动，同时因地球的自转而向东转向。当它前进到从赤道到北极距离的 1/3 时，它不再向北流动，而是向东流动。这时空气会在大约北纬 30 度的带状区域变冷下降，导致它向地表下降的区域成为一个高压区域。然后它沿着地表向南回流向赤道。地球自转偏向力使得气流向右偏转，因此在北纬 30 度至赤道之间产生了东北方向的信风。类似的力产生了 30 度~60 度范围内以及 60 度至极地地区的围绕地球的循环单元。这个循环模式导致了在美国本土边界内的西风盛行（美国本土和墨西哥以及加拿大的边界都是东西方向的，所在纬度区域流行西风）。

　　循环模式由于季节变化，大陆和海洋的表面差异以及其他因素而变得更加复杂。

　　地球表面的地形产生的摩擦力改变了大气中空气的运动。从距离地表的 600 米内，地表和大气之间的摩擦力使流动的空气变慢。因为摩擦力减小了地球自转偏向力使得风从它的路径转向。这就是为什么在地表的风向稍微不同于地表之上上千米高度的风向的原因。

大气层

大气层又叫大气圈，地球就被这一层很厚的大气层包围着。大气层的成分主要有氮气、氧气、氩气，还有少量的二氧化碳、稀有气体（氦气、氖气、氩气、氪气、氙气、氡气）和水蒸气。大气层的空气密度随高度而减小，越高空气越稀薄。大气层的厚度大约在1000千米以上，但没有明显的界限。整个大气层随高度不同表现出不同的特点，可分为对流层、平流层、中间层、暖层和散逸层。

大气层的结构

大气层的结构是指包围在地球表面并随地球旋转的空气层。它不仅是维持生物生命所必需的物质，而且参与地球表面的各种循环过程，如水循环、化学和物理风化、陆地上和海洋中的光合作用及腐败作用等。

地表大气平均压力为1个大气压，相当于每平方厘米地球表面包围1034克空气。地球总表面积为510100934平方千米，所以大气总质量约为 5.2×10^{15} 吨，相当于地球质量的 10^{-6} 倍。大气随高度的增加而逐渐稀薄，50%的质量集中在30千米以下的范围内。高度100千米以上，空气的质量仅是整个大气圈质量的百万分之一。按气温垂直分布对

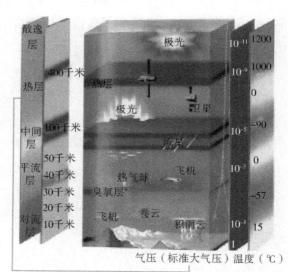

大气层的结构

大气分层（热分层），可以分为以下 5 层：

对流层

对流层是大气的最低层，其厚度随纬度和季节而变化。在赤道附近为16～18 千米；在中纬度地区为 10～12 千米，两极附近为 8～9 千米。夏季较厚，冬季较薄。这一层的显著特点是：①气温随高度升高而递减，大约每上升 100 米，温度降低 0.6℃。由于贴近地面的空气受地面发射出来的热量的影响而膨胀上升，上面冷空气下降，故在垂直方向上形成强烈的对流，对流层也正是因此而得名。②密度大，大气总质量的 3/4 以上集中在此层。在对流层中，因受地表的影响不同，又可分为两层。在 1～2 千米以下，受地表的机械、热力作用强烈，通称摩擦层，或边界层，亦称低层大气，排入大气的污染物绝大部分活动在此层。在 1～2 千米以上，受地表影响变小，称为自由大气层，主要天气过程如雨、雪、雹的形成均出现在此层。对流层和人类活动的关系最密切。

平流层

穿越大气层从对流层顶到约 50 千米的大气层为平流层。在平流层下层，即 30～35 千米以下，温度随高度降低变化较小，气温趋于稳定，所以又称同温层。在 30～35 千米以上，温度随高度升高而升高。

平流层的特点：一是空气没有对流运动，平流运动占显著优势；二是空气比下层稀薄得多，水汽、尘埃的含量甚微，很少出现天气现象；三是在高 15～35 千米范围内，有厚约 20 千米的一层臭氧层，因臭氧具有吸收太阳光短波紫外线的能力，故使平流层的温度升高。

中间层

从平流层顶到 80 千米高度称为中间层。这一层空气更为稀薄，温度随高度增加而降低。

热层

80～500 千米称为热层。这一层温度随高度增加而迅速增加，层内温度很高，昼夜变化很大，热层下部尚有少量的水分存在，因此偶尔会出现银白并微带青色的夜光云。

散逸层

热层以上的大气层称为散逸层。这层空气在太阳紫外线和宇宙射线的作用下，大部分分子发生电离；使质子的含量大大超过中性氢原子的含量。散逸层空气极为稀薄，其密度几乎与太空密度相同，故又常称为外大气层。由于空气受地心引力极小，气体及微粒可以从这层飞出地球致力场进入太空。散逸层是地球大气的最外层，该层的上界在哪里还没有一致的看法。实际上地球大气与星际空间并没有截然的界限。散逸层的温度随高度增加而略有增加。

大气层的压力

太空层气压是单位面积上受到周围气体垂直加诸其上的力量，它取决于行星的重力和在地区上组合的空气柱的总质量。根据国际认可的标准大气气压单位定义是 101325 帕。

大气压力因为在一个地点之上的气体质量会随着高度减少而降低，气压随高度下降的因素为数学上的 e（无理数，其近似数为 2.71828），称为高度标度，并以 H 来表示。一个温度均匀一致的大气层，其高度标度与温度成正比，并且与行星的重力加速度成上干燥空气的分子质量成反比。像这种模式的大气层，随着高度的增加，压力成指数的下降。但是，大气层的温度是不均匀的，所以要精确测量某一特定高度的压力是很复杂的。

大气层表面重力，维系大气层的力量，在行星中是极不相同的。例如，巨大的行星木星有着非常大的重力，能够保留住在较低的重力下会逃逸的氢和氦这种轻的气体。其次，与太阳的距离确定可以用来加热大气的能量，能否加热气体使分子的热运动超出行星的逃逸速度——气体分子克服行星重力掌握所需的速度。因此，遥远和寒冷的泰坦和冥王星尽管重力相对较低，但仍能保有它们的大气层。理论上，星际行星也许也能保有厚实的大气层。

因为气体在任何的特定温度下都有大范围的分子移动速度，所以总是会有一些气体缓慢地渗漏至太空中。具有相同动能的气体，轻的气体运动的速度比重的气体快，因此分子量较低的气体流失得比那些分子量较重的气体更快。这被认为是金星和火星会失去它们的水的原因，因为当它们的水受到来自太阳的紫外线光解成为氢和氧之后，氢会逃逸而去。地球的磁场协助阻挡了会使氢加速逃逸的太阳风，然而，在过去的30亿年，地球也许经由在极区的极光活动，损失了包括氧在内的2%大气层。

其他也会造成大气损耗的机制是太阳风，包括飞溅、撞击侵蚀、天气和极冠。

大气环流

大气环流是指大气大范围运动的状态。某一大范围的地区（如欧亚地区、半球、全球），某一大气层次（如对流层、平流层、中层、整个大气圈）在一个长时期（如月、季、年、多年）的大气运动的平均状态或某一个时段（如一周、梅雨期间）的大气运动的变化过程都可以称为大气环流。

大气环流是完成地球大气系统角动量、热量和水分的输送和平衡，以及各种能量间的相互转换的重要机制，又同时是这些物理量输送、平衡和转换的重要结果。因此，研究大气环流的特征及其形成、维持、变化和作用，掌握其演变规律，不仅是人类认识自然的不可少的重要组成部分，而且还将有利于改进和提高天气预报的准确率，有利于探索全球气候变化，以及更有效地利用气候资源。大气环流通常包含平均纬向环流、平均水平环流和平均径圈环流三部分。

（1）平均纬向环流。指大气盛行的以极地为中心并绕其旋转的纬向气流，这是大气环流的最基本的状态，就对流层平均纬向环流而言，低纬度地区盛行东风，称为东风带（由于地球的旋转，北半球多为东北信风，南半球多为东南信风，故又称为信风带）；中高纬度地区盛行西风，称为西风带（其强度随高度增大，在对流层顶附近达到极大值，称为西风急流）；极地还有浅薄的弱东风，称为极地东风带。

（2）平均水平环流。指在中高纬度的水平面上盛行的叠加在平均纬向环流上的波状气流（又称平均槽脊），通常北半球冬季为3个波，夏季为4个波，三波与四波之间的转换表征季节变化。

（3）平均径圈环流。指在南北垂直方向的剖面上，由大气经向运动和垂直运动所构成的运动状态。通常，对流层的径圈环流存在三个圈：低纬度是正环流或直接环流（气流在赤道上升，高空向北，中低纬下沉，低空向南），又称为哈得来环流；中纬度是反环流或间接环流（中低纬气流下沉，低空向北，中高纬上升，高空向南），又称为费雷尔环流；极地是弱的正环流（极地下沉，低空向南，高纬上升，高空向北）。

大气运动的成因

大气为什么会运动呢？主要是受力不均所致。水往低处流，是水受到重力作用的缘故。空气和水一样，也受到重力的作用。但是空气和水有一个重大差别：在日常温度变化的范围内，水的密度变化是很小的，所以它有一个界面，界面不同部分如果有了高低差，重力即使高处的水流向低处，直到界面达到"水平"为止；空气却不一样，它的密度可以有很大的差别，也没有一个明显的界面，而是从地面向太空逐渐稀薄。尽管空气的密度比水小得多，但在大气中任何一个平面上都能感受到气压的存在。大气运动的形成主要有以下三种原因：

1. 气压梯度力的作用

世界各地的气压无时不在变化着，但海平面上的气压却基本维持在100千帕上下，一般在100千帕以上。在大气中离地面越高气压越低，从100千帕面往上到90千帕，垂直距离约为1千米，由于空气密度越向上越小，同样相差10千帕，越向上垂直距离就越大。大气中各处的温度不一样，空气的密度就有大有小，所以在空中任何一个平面上，气压分布有高有低，空气由气压大的地方流向气压小的地方。

气压差越大，空气流动越快。如果把单位距离的气压差叫做气压梯度，那么气流的方向应同气压梯度平行，速度则与气压梯度成正比。气压的差异引起了大气的运动，风就是大气运动的表现。

2. 热力环流的作用

由于空气柱温度不同，高层和低层大气的气压分布可以有显著的差异。下图表示了冷热不均对各高度气压分布的影响。由于在冷的地方空气密度大，在热的地方空气密度小，所以在同样的气压差的情况下，例如从850百帕到1000百帕间，所占的垂直距离则不一样：在0℃的地方，距离约为1550米；在26℃的地方，距离约为1770米，相差达220米之多。因此，冷的地区尽管地面气压很高，但是气压向上减低得比温暖地区要快得多。到了一定的高度后，它就不再是高压区，而是低压区了。

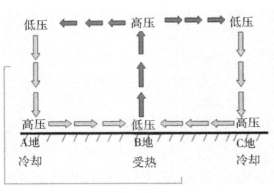

热力环流

气流是由高压区流向低压区的。故在地面气压由冷区流往暖区，而到高空则由暖区流往冷区。这种情况叫"热力对流"，即温度不同产生压力不同，压力不同产生的气流也就不同，最后形成"对流"。这种情况和水的热对流十分相似。

3. 地转偏向力的作用

在研究空气的运动时，还要考虑地球的自转。地球的自转能够对在球面上运动的流体产生很大的作用，这个力叫地转偏向力，也叫科氏力。这种力量同流体运动的速度成正比。地转偏向力不能改变空气运动的速度，但却可能改变运动的方向，在北半球使空气偏向运动的右侧，在南半球则使其偏向左侧。

在北半球，河流的右岸受到流水较多的冲刷，就是由于地转偏向力作用于流水的运动的结果。空气由于受到地转偏向力的影响，也发生同河流流水相似的向右偏转，但气流没有像河水一样有河岸的约束，地转偏向力的作用更为显著。在高层大气里摩擦力很小，空气的运动就只是气压梯度力和地转偏向力两个力平衡的结果。

大气运动的形式

大气运动理论上是三圈环流的形式:

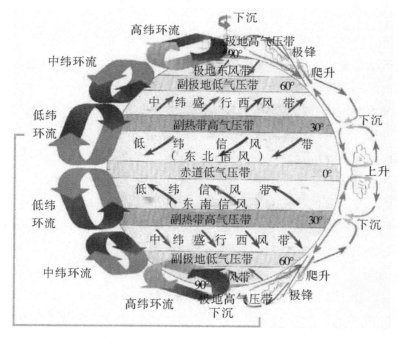

全球大气性环流

单圈环流

假设地球表面是均匀一致的,并且没有地球自转运动,即空气的运动既无摩擦力,又无地转偏向力的作用。那么赤道地区空气受热膨胀上升,极地空气冷却收缩下沉,赤道上空某一高度的气压高于极地上空某一相似高度的气压。在水平气压梯度力的作用下,赤道高空的空气向极地上空流去,赤道上空气柱质量减小,使赤道地面气压降低而形成低气压区,称为赤道低压;极地上空有空气流入,地面气压升高而形成高气压区,称为极地高压。于是在低层就产生了自极地流向赤道的气流补充了赤道上空流出的空气质量,这样就形成了赤道与极地之间一个闭合的大气环流，这种经圈环流称为单圈环流。

事实上地球时刻不停地自转着，假使地表面是均匀的，但由于空气流动时会受到地转偏向力的作用，环流变得复杂起来。

三圈环流

赤道上受热上升的空气自高空流向高纬，起初受地转偏向力的作用很小，空气基本上是顺着气压梯度力的方向沿经圈运行的。随着纬度的增加，地转偏向力作用逐渐增大，气流就逐渐向纬圈方向偏转，到北纬30度附近，地转偏向力增大到与气压梯度力相等，这时在北半球的气流几乎成沿纬圈方向的西风，它阻碍气流向极地流动。故气流在北纬30度上空堆积并下沉，使低层产生一个高压带，称为副热带高压带，赤道则因空气上升形成赤道低压带，这就导致空气从副热带高压带分别流向赤道和高纬地区。其中流向赤道的气流，受地转偏向力的影响，在北半球成为东北风，在南半球成为东南风，分别称为东北信风和东南信风。这两支信风到赤道附近辐合，补偿了赤道上空流出的空气，于是热带地区上下层气流构成了第一环流圈（Ⅰ），称信风环流圈或热带环流圈。

极地寒冷，空气密度大，地面气压高，形成极地高压带。在北半球空气从极地高压区流出并向右偏转成为偏东风，副热带高压带流出的气流北上时亦向右偏转，成为中纬度低层的偏西风。这两支气流在北纬60度附近汇合，暖空气被冷空气抬升，从高空分别流向极地和副热带。在纬度北纬60度附近，由于气流流出，低层形成副极地低压带。流向极地的气流与下层从极地流向低纬的气流构成极地环流圈，这是第二环流圈（Ⅱ）；自高空流向副热带处的气流与地面由副热带高压带向高纬流动的气流构成中纬度环流圈，这是第三环流圈（Ⅲ）。只受太阳辐射和地球自转影响所形成的环流圈，称为三圈环流。它是大气环流的理想模式。

由于下垫面条件不同，三圈环流的模式被打破，形成季风、海陆风、山谷风、焚风和峡谷风等。

所有这些运动，都是大气运动。

地表的空气运动——风

风的定义

风是相对于地球表面的空气运动而言，通常指它的水平分量，以风向、风速或风力表示。风向指气流的来向，常按 16 方位记录。风速是空气在单位时间内移动的水平距离，以米/秒为单位。大气中水平风速一般为 1~10 米/秒，台风、龙卷风有时达到 102 米/秒。而农田中的风速可以小于 0.1 米/秒。风速的观测资料有瞬时值和平均值两种，一般使用平均值。风的测量多用电接风向风速计、轻便风速表、达因式风向风速计，以及用于测量农田中微风的热球微风仪等仪器进行；也可根据地面物体征象按风力等级表估计。

风是怎样形成的

风是怎样引起的？为什么有时吹南风，有时吹北风？而且强弱不定？这是因为水平方向上气压分布的不均匀。空气的水平流动如水流一样，水从高处往低处流，这是因为两地存在水位差，从而产

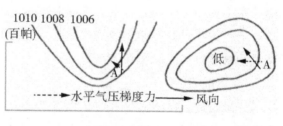

气压梯度力

生了从水位高处指向低处的压力。同理，两地存在着气压差，也会产生一种由高压处指向低压处的压力，使空气从高压处流向低压处。两地气压差愈大，空气流动就愈快，风力也愈大。

这种水平方向上气压分布的不均匀情况，主要是由势力条件所造成的。不同的地方受到太阳光照射不同，或者由于地面性质或形状不同，即使是在太阳同样的照射下也会使气温不同。气温的差异，使有的地方空气膨胀，有的地方空气收缩，直接影响了空气密度的变化；气压也因而不同，有时某些地方有大量空气流入或流出。如果流入大于流出，可使该地区的气压

上升；如果流入小于流出，可使该地区气压下降。使风驱动的原动力是太阳，而太阳赐于地球上的热量分布是参差不齐的。

赤道和低纬度地带比两极单位面积上接受的太阳能多得多，热量分布的不均衡，使大气这部巨大的机器发动起来。赤道上空气受热膨胀热空气上升，向外流去并逐渐冷却，到了南北纬 30 度附近，向地面下沉。与此相仿，南北两极的冷空气下沉逐渐增温，然后上升又重复循环，在这两组由势力作用所生成的环流之间是中纬度环流，环内的气流在一侧追赶向上冲的极地环，在另一侧跟随向下沉的热带空气，好像一组反向运转的齿轮装置。在上述过程中逐渐形成固定的天气类型。两极气流下沉，形成稳定的高压区。在南北纬 60 度附近，气流上升产生低压带。中纬度与热带交接处气流下沉，形成高压带，称为副热带无风带。靠近赤道的热带，气流上升，形成低压区，叫做赤道无风带。

热带空气流向两极，两极空气又流回赤道，然而，由于地球的自转，使空气运动产生了偏转。北半球向右南半球向左，加上地球上山峦起伏海陆分布不均，对气流又产生了进一步的影响。而在小地形和下垫面的综合作用下，使局地风况变得更为复杂，主要的局地风有：海陆风、山谷风、焚风和峡谷风等。

1. 海陆风

海岸附近，在晴稳天气时，白天风由海洋吹向陆地称为海风；夜间风由陆地吹向海洋称为陆风。这种在沿海以日为周期随昼夜交替而改变风向的风，称为海陆风。

热力因素是海陆风形成的基本原因：白天，太阳辐射到达到地面时，由于海陆热力性质不同，陆地增热比海洋强烈，陆地上的空气受势膨胀上升，同时，海上空气温度较低，密度较大，空气下沉，并由低空流向陆地，以补偿陆地上升的空气，形成海风。地上上升的空气，在高空流向海洋，以补充海上的下沉气流，构成一个环流圈；夜间辐射冷却时陆地冷却比海面快，陆地上的空气冷而密度大，海面上空气暖而密度小，海面上空气上升，而陆地上空气下沉，并由低空流向海上，形成陆风。

通常海风强，陆风弱。海风最大风速可达 5 或 6 米/秒。影响范围也大一些，可深入陆地 50 或 100 千米。陆风一般中有 1 或 2 米/秒。影响范围小些，深入海洋仅 10 千米左右。这是因为白天海陆温差大，夜间温差小的缘故。

海陆风转换时间，随地方条件和天气条件而不同，一般海风在上午 9 或 10 时开始，13 或 15 时最强，随后减弱。到 21 或 22 时转为陆风，在夜间 2 或 3 时最强，随后逐渐减弱，到上午 9 或 10 时又转向海风。如果是阴天或者有较强的气压系统移来时，海陆风就很不明显。吹海风时，从海上带来大量水汽，使陆上空气湿度增大，温度降低，故夏日滨海地区不十分炎热。在内陆较大的水域附近，例如在湖泊、水库以及大的江河附近，也有类似的水陆风。浙江省新安江水库建成后，在沿水库水平距离 5 千米以内的水域附近，有水陆风出现。这使沿水库附近区域成了夏季避暑胜地，冬季有利于作物的安全越冬。

2. 山谷风

在山区出现的随昼夜交替而转换风向的风，昼间风由山谷吹向山顶，称为谷风；夜间风由山顶吹向山谷，称为山风，总称为山谷风。

在晴朗的白天，坡地强烈增暖，坡地上的气温比同高度谷底上空的气温高，坡上空气受热膨胀沿山坡上升，形成谷风。日落后，坡地迅速冷却，坡地上气温比同高度谷底上空的气温低，空气密度大，所以空气顺山坡下滑，流向谷底，成为山风。

一般在日出后 2~3 小时，开始出现谷风，并随着地面增热，风速逐渐加强，午后达到最大，以后因为温度下降，风速便逐渐减小，在日落前 1~2 小时，谷风平息，山风渐渐代之而起。山谷风一般夏季较冬季明显，通常谷风比山风强，白天谷风可将谷底的水汽带到山顶附近成云致雾，这就是山坡云雾多的主要原因；夜晚，山风把山上的冷空气带到谷地，引起谷地气温降低，冷空气在谷底堆积，易出现霜冻。

3. 焚风

焚风是气流越过山岭时，在背风坡绝热下沉形成的干而热的风。当暖湿的气流越过较高的山脉时，在迎风坡，空气沿着山坡向上爬升时空气绝热降温；在未饱和时，先按干绝热递减率降温，每升高 100 米降温约 1℃，

13

到达凝结高度以后，按湿绝热递减率降温，每升高 100 米，降温 0.4℃ ~ 0.6℃，并有水汽凝结，且出现降水，越过山顶后，空气顺坡往下滑，按干绝热增温。由于空气中的水汽在迎风坡凝结，并降落，相对湿度减小，气温比山前的高，所以在背风坡形成了干燥而又火热的风，即为焚风。

我国许多地区都有焚风，例如当偏西气流越过太行山时，位于太行山东麓的石家庄就会出现焚风。据统计，出现焚风时，石家庄的日平均温度比无焚风时可提高 10℃ 左右。

焚风有弊有利，焚风出现时，在短时间内气温急剧升高，相对湿度迅速下降，蒸腾加快，引起植物脱水甚至枯萎死亡造成农作物减产，甚至无收。另外还可能引起森林火灾、高山雪崩等，但焚风能提高温度，促使初春融雪，提早春耕，有利于作物生长；秋季焚风能使作物早熟，也是有利的一面。

4. 峡谷风

当空气由开阔地区进入狭窄谷地时，谷口截面积小，但空气质量又不可能在这里产生堆积，于是气流就必须加速前进，因而形成了强风，这种风称为峡谷风。在我国台湾海峡、松辽平原等地，两则都有山岭，地形似喇叭管，当空气直灌窄口时，经常出现大风，就是这个原因。

5. 季风

有一种风是由于大气的大范围运动形成的，这种风叫季风。

季风是以年为周期，随季节而改变风向的风，季风形成的主要原因有两种：一种是由于海陆热力差异产生的，另一种则是由于行星风带随季节移动而引起的。由于海陆的增热和冷却不同，夏季大陆增温较海洋快，气温较高气压较低，气压梯度由海洋每日向大陆递减，所以风由海洋吹向陆地，形成夏季风；冬季则相反，陆地温度低，气压高，风由陆地吹向海洋，形成冬季风。

由此可见，海陆间热力差异所产生的季风，都发生在海陆交界处，尤其是在副热带和温带地区，海陆间的温度差异，随季节变化大，季风最为显著。如亚洲东部，大洋洲和北美等地。

行星风带位移所引起的季风和海陆间热力差异而形成的季风不同。行星风带分布是很有规律的，但其位置随季节有明显的移动，在两个风带的交接处，往往出现风随季节而改变方向的现象。例如亚洲南部、印度及中南半岛，夏季赤道低压北移，南半球的东南信风越过赤道形成西南风；冬季赤道低压区南移，恢复为东北信风，这就是南亚季风形成的主要原因。处于亚洲东部的朝鲜、日本和我国的东部地区，濒临广阔的太平洋，位居世界最大的海洋和大陆之间，由于海陆间热力差异明显，所以季风很强盛，为东亚季风。

夏季风是从东南沿海吹来的，形成湿热多云雨的天气，而冬季风是从西北大陆吹来的造成晴朗、寒冷而干燥的天气。

风的能量

空气流动所形成的动能即为风能，它是太阳能的一种转化形式。太阳的辐射造成地球表面受热不均，引起大气层中压力分布不均空气沿水平方向运动形成风。风的形成乃是空气流动的结果。风能利用形式主要是将大气运动时所具有的动能转化为其他形式的能。

风能是一种广泛分布的无污染再生能源，但它又是一种低密度的（周期和非周期）变化的能源。不过，在缺少矿物燃料和水资源而风能资源丰富的地区，风力发电有着良好的应用前景。

根据世界气象组织调查估计，地球陆地表面 1.07×10^8 平方千米中27%的面积年平均风速高于 5 米/秒（距地面 10 米处），地面平均风速高于 5 米/秒的陆地的总面积约为 3×10^7 平方千米。

人类利用风能历史悠久，几千年前，我国和尼罗河流域利用风力驱动帆船，后来用风车取水灌溉、加工谷物，公元 13 世纪风车传入欧洲。至 20 世纪初，丹麦首先利用风力发电，此后世界上许多国家相继研制风力机发电，全球风力机曾达数百万台。此时，由于蒸汽机发电、内燃机发电的发展，大部分风力机被取代。1973 年世界上发生能源危机，风能作为一种补充能源重新受到重视。

现在许多国家特别是西方工业化国家利用大型风力机发电，有些国家如瑞典、丹麦等风力发电已成为一种重要的能源，美国加利福尼亚州沿海、英国北海分别建造了大片风力机群。美国在 2000 年风力发电量占总发电量的 4%～6%。

我国幅员辽阔，海岸线长，风能资源比较丰富。据国家气象局估计，全国风能密度平均为 100 瓦/平方米，风能资源储量巨大。特别是东南沿海及附近岛屿、内蒙古和甘肃走廊、东北、西北、华北和青藏高原等部分地区，每年风速在 3 米/秒以上的时间接近 4000 小时，

风力电厂

一些地区年平均风速可达 6～7 米/秒以上，具有很大的开发利用价值。

20 世纪 70 年代中期以后，我国开始进入用高新技术开发利用风能的新时期。截至 1993 年底，我国百瓦级的小型风力机已超过 12.8 万台，主要分布于内蒙古草原，解决生活用电，同时也开始大、中型风力机的研究工作。

内蒙古草原上的风力发电机

风能目前主要用于以下几个方面：

（1）风力提水。风力提水从古至今一直得到较普遍的应用。至 20 世纪下半叶，为解决农村、牧场的生活、灌溉和牲畜用水以及为了节约能源，风力提水有了很大的发展。现代风力提水根据其用途可以分为两类：一类是高扬程小流量的风力提水机，主要用于草原、牧区，为人畜提供饮水；另一类是低扬程大流量的风力提水机，汲取河水、湖水或海水，主要用于农田灌溉、水产养殖或制盐。

（2）风力发电。利用风力发电已经越来越成为风能利用的主要形式，受到各国的高度重视，而且发展速度最快。风力发电通常有三种运行方式：①独立运行方式，通常是一台小型风力发电机向一户或几户提供电力，它蓄电池蓄能，以保障无风时的用电；②风力发电与其他发电方式相结合，向一个单位或一个村庄或一个海岛供电；③风力发电并入常规电网运行，向大电网提供电力。常常是一处风场安装几十台甚至几百台风力发电机，这是风力发电的主要发展方向。

（3）风帆助航。在机动船舶发展的今天，为节约燃油和提高航速，古老的风帆也得到了发展。现在已经在万吨巨轮货船上采用电脑控制的风帆助航，节油率达15%。

（4）风力制热。随着人们生活水平的提高，家庭用能中热能的需求越来越大，特别是在高纬度地区的欧洲、北美等地，取暖和煮水消耗了大量的热能。为了解决家庭及低品位工业热能的需求，风力制热有了较大的发展。

风的表示方法

风是一个向量，因此需要测量风速和风向两个项目，才能完全地描绘出风的状况。我国是历史悠久的文明古国，人们很早就根据树枝或植物叶的摆动情况来观察风，如把茅草或鸟翎等物吊在高竿顶端，用以观察风向；到了汉代又发展成测风旗和相风鸟来测定风向。前者是用绸绫之类做成的旗子悬挂在高竿之顶，看旗判断风向，后者是把一个特制的，很轻的鸟形物悬在竿头，鸟的头部所指便是风向。这种方法不仅能测风向，同时还能根据羽毛被举的程度大体判断风速，可以说是雏型风速计。

在国外，直到公元1500年才由意大利的达芬奇发明了风速计，他设计的风速计原理与我国的羽葆法完全一样，可是时间上要晚将近1000年。现在气象台站业务使用的测风仪是电接风向风速计，它由风向标、风杯和电动指示器三部分组成。风向标和风杯安装在室外较空旷的高处，用风向标测定风向，用风杯测定风速，电动指示器安装在室内，能随时反映当时的风向和风速。

风与气温、气压要素不同，它是一个表示空气运动的要素，它不仅具有数值的大小、风速，还具有方向——风向。

　　风速是指气流前进的速度，风速越大，风的自然力量也越大，所以一般都用风力来表示风速的大小，风速的单位用米/秒、千米/小时表示。根据风对地上物体所引起的影响将风的大小分为 13 个等级，称为风力等级，简称风级。以 0～12 等级数字记载。

风力等级表

等级	风力	表现
0	无风	烟直上平静
1	软风	烟示风向微波峰无飞沫
2	轻风	感觉有风小波峰未破碎
3	微风	旌旗展开小波峰顶破裂
4	和风	吹起尘土小浪白沫波峰
5	劲风	小树摇摆中浪折沫峰群
6	强风	电线有声大浪到个飞沫
7	疾风	步行困难破峰白沫成条
8	大风	折毁树枝浪长高有浪花
9	烈风	小损房屋浪峰倒卷
10	狂风	拔起树木海浪翻滚咆哮
11	暴风	损毁普遍波峰全呈飞沫
12	台风	摧毁极大海浪滔天

　　风向是指风吹来的方向。例如，风从东北方向吹来便称为东北风，风从西北方向吹来便称为西北风。

风的模式

　　因为空气总是寻找低压区域，所以气流会从高压区域向低压的区域流动。在北半球，从高压向低压区域流动的空气向右偏转，产生一个绕高压区域的顺时针循环，这也称为反气旋循环。低压区域与之相反，向低压区域流动的空气被偏转而产生一个逆时针或气旋循环。如图：

高压系统一般是干燥稳定的下降空气的区域。由于这个原因，好天气通常和高压系统有关。相反的，空气流进低压区域会取代上升的空气。这时空气会趋于不稳定，通常会带来云量和降水量的增加。因此，坏天气通常和低压区域有关。

对高低压风模式的良好理解在制定飞行计划时有很大的帮助，因为飞行员可以利用有利的顺风。如下图：

当计划一次从西向东的飞行时，沿高压系统的北边和低压系统的南边将会

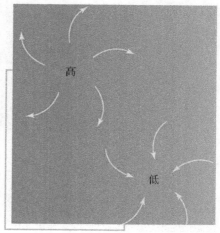

气旋与反气旋循环

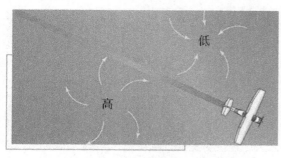

飞机航线的选择与高低压风模式的关系

遇到有利的风向。在返程飞行中，最有利的风向将是同一高压系统的南边或者低压系统的北边。一个额外的好处是能够更好地把握在一个给定区域沿着基于高低压占主导的飞行路线上可以预期什么样的天气。

循环理论和风模式对于大范围大气循环是正确的；然而，它没有考虑到循环在局部范围内的变化。局部环境，地质特征和其他异常可以改变接近地表的风向和速度。

对流型气流

不同的地表辐射热量的程度是不同的。耕地、岩石、沙地、荒地会发出大量的热量；水体、树木和其他植被区域趋于吸收和保留热量。结果是空气的不均匀受热产生称为对流气流的小范围内局部循环。

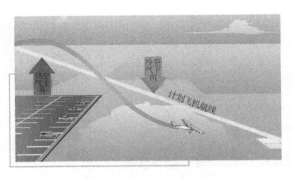

飞机降落时受上升与下降气流的影响

对流气流导致颠簸，在温暖的天气飞行在较低高度有时会遇上湍流空气。低高度飞越不同的地表时，上升气流很可能发生在路面和荒地上空，下降气流经常发生在水体或者类似成片树林的广阔植被区域之上。一般地，这些湍流环境可以通过飞在更高的高度来避免，甚至是飞在积云层之上。如上图所示。

对流气流在大陆直接和一大片水体相邻的区域特别明显，例如海洋、大的湖泊，或者其他相当的水区。在白天，陆地比水受热更快，所以陆地之上的空气变得更热，密度更低。它上升且被更冷的来自水面上的稠密空气取代。这导致了一种朝向海岸的风，称为海风。相反地，在夜晚陆地比水冷得更快，相应的空气也是这样。这时，水面上温暖的空气上升被更冷的来自陆地的空气取代，产生一种称为陆风的离岸风。这就颠倒了局部的风循环模式。

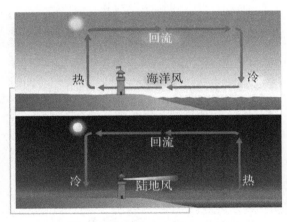

陆地和海洋间在白昼与夜晚不同的气流

对流气流可以发生在地表不均匀受热的任何地区。

台　风

每年夏秋两季，我们从报纸、广播和电视里，往往可以看到和听到气象台、站发布的台风消息或警报。"台风"对我们已经不是一个陌生的名词了。那么，台风究竟是怎么回事？

在茫茫的大气层里，有范围较大的由空气形成的涡旋。气象工作者按照这些大气涡旋的不同旋转方向，把它们分为气旋和反气旋。

在北半球，气旋作逆时针方向旋转，反气旋作顺时针方向旋转。在南半球，正好相反。气旋又叫低气压，因为越近气旋中心，气压越低。反气旋又叫高气压，因为越近反气旋中心，气压越高。

台风就是一种猛烈的气旋，因为它产生在热带海洋上，所以叫热带气旋。

台风（热带气旋）基本上按照它的低压中心附近的最大风速进行分类。根据气象组织的规定：风力在7级（风速17.2米/秒）以下的热带气旋称为热带低压，风力在8～11级（风速17.2～32.6米/秒）的称为热带风暴，风力在12级以上的称为台风或飓风。而又因所在地区的不同而有各种不同的名称。

我国习惯上将热带气旋分为台风、强台风、热带低压三类。

台　风

（1）台风。台风中心附近最大风力8～11级。

（2）强台风。台风中心附近最大风力为12级或12级以上。

（3）热带低压。涡旋中心附近最大风力6～7级。

台风的面貌，平着看像流水中的水涡，直着看又像陆地上的旋风。但是，台风的规模大得多。一般直径有几百千米，较大的直径可达1000千米以上。它的顶部离地面有15～20千米，少数可达27千米。

在水平面上，台风是一个近于圆形的大涡旋。这个大涡旋可分为3部分，即台风眼、云墙区、螺旋云带。台风范围内的空气绕着中心急速旋转，外面的空气进不到中心去，就形成了一个漏斗状的小圆洞，叫做台风眼。这种情况，恰似我们用筷子搅一杯水，搅得越快，水旋转得越急，杯子中心的水越少，形成一个深窝一样。和其他大气涡旋相比，台风眼是台风特有的一种现象。

台风眼区有下沉气流，通常为云淡风轻的好天气。白天，这里有蓝天和太阳，晚上可见月亮和星星。有时成千上万只海鸟也栖息在这里躲风避雨，有人曾经乘坐台风侦察飞机穿入太平洋上一个台风眼，对台风眼区的情况作过这样的描述：

"在我们周围展现出一幅壮丽的图景。在台风眼内是一片晴空，直径60千米。其周围被一圈云墙环抱。在有些地方，高大的云墙笔直地向上耸立着，而在另一些地方，云墙像大体育场内的看台，倾斜而上。眼的上边缘是圆圆的，有10～12千米高，看来好像是缀在蓝天的背景上。在我们的下方，是一片低云，在中心云层隆起，到达2500米的高度。在低云中，出现不少云缝，它使我们能够瞥见海面。在台风四周的涡旋中，海面是一片异常激烈、海水翻腾的景象。"

台风眼区在形成初期很小，后来逐渐增大，平均直径为25千米左右。在大的台风中，眼的直径达到60～70千米，小的台风眼直径只有5～6千米。从眼壁向内风速迅速递减，常常减小到6米/秒以下，这时大雨也随即停止，所以与外面强烈的风雨区相比，眼内天气显得平静。不过，有时也可测到较强的风速。在眼区内可听到眼区边缘附近怒吼般的风声，见到一些高度不同的云，甚至是小块的螺旋状云，但云不浓密，其间有空隙。

在台风眼内，人们经常会感到空气闷热。这是因为，虽然地面温度并不比周围气温高多少，但在高空，台风眼内气温则比周围空气高得多。当台风中心强度变弱，或登陆后由于地面摩擦的影响，台风眼区的气流会变成上升气流，云量增多，云层增厚，有时还出现少量降雨，"眼"也就很快消失了。

从台风眼向外，四周是巨大的同心圆状云带，看去好像一堵高耸的墙，叫做"云墙区"，也称涡旋区云墙。有高耸的螺旋状积雨云带。螺旋状积雨云带之间普遍产生浓厚的层状云。云墙区的宽度一般为8～20千米，底部离地面数十米至百米，顶部高达12千米以上。这里的情况和台风眼区完全不同，整个台风的最大速度、暴雨和最大破坏力都集中于此。

从云墙区再向外，可见到几条螺旋云带直接卷入台风内部，称为中螺旋云带，由积雨云或浓积云组成。螺旋云带经过时常出现阵雨。台风的最外围，称为外螺旋云组带，由塔状的层积云或浓积云组成，以较小的角度旋向台风内部。这里风速小，一般没有阵雨现象。但在此云带附近，常有龙卷风活动。

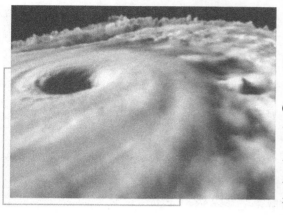

台风眼

从台风的外围越向中心风力越大，但眼区几乎无风。一般来说，一个发展得较完善的台风，通常离它中心500～600千米外，风力可达6级；离中心200～300千米处，风力8级；离中心100～200千米处，风力10级以上。发展得不强的台风，离中心300～400千米处，风力为6级，离中心50～150千米处，风力方达8级。但是，个别范围很小、强度很大的微型台风，离中心50～60千米处，风力不到6级；而离中心10多千米处，风力却可达12级以上。

台风产生的大风主要在沿海附近。在海上，风力达12级的强台风是常见的。最强的台风风速曾达110米/秒。台风登陆后，风力减小。

少数移动缓慢的台风，风的分布具有对称性：以台风眼为中心，前后左右半径相同的各处的风力大小和气压高低，基本上相差不大。但大多数台风的风力分布是不对称的。一般在前进方向的右半圆内风力比左半圆大，因为右半圆内风向和台风前进的方向基本上一致。所以称右半圆为"危险半圆"，左半圆为"可航半圆"。

在台风中心右前方的象限内，不但风力特别大，而且是台风中心即将移至的区域。在这个象限内的船舶往往有被卷入台风中心的危险，因此，这个部位被称为"危险象限"。台风右侧的大风范围往往比左侧大。但是，台风左半圆大风范围比右半圆大的例子也是有的。

在台风眼区，气压极低，产生上吸作用，海面被抬高半米左右，我们称为飓浪。飓浪随着台风中心登陆而移近海岸时，受到海底和海岸地形作用，浪高3～4米，迎风口岸水位猛升。这时，如果正逢阴历初三、十八大潮期，两种作用相结合，海潮就涨得出人意外的高，会冲垮海堤和海港设施，一些沿海的小岛也常被这种汹涌而来的巨浪所吞没。

在台风云墙区，大风激起的海浪，波长短，波高十几米，甚至 20～30 米，并且浪头较尖，易"开花"（称为破浪）。这种浪对海上船舶和沿海港口有极大危害。

一般吹 6 级大风时，浪高 3 米，最高 4 米，海上渔船必须缩帆。吹 10 级狂风时，浪高 9 米，最高 12.5 米，海上航行的船就危险了。

海浪的大小不仅和风力的大小有关，还和风向、海流、大风持续时间以及海底海岸地形等有密切关系。一般来说，风向和海流方向一致、大风持续时间长，波浪由深海传向浅海时，海浪大，相反情况则小。当海浪由海面拍向海岸时，波浪被海岸反击回去。当反击回去的波浪又遇上第二个由海面拍向海岸的波浪时，由于互相碰撞会激起更高更大的海浪，称之为"海浪封港"。"海浪封港"情况出现后，船只很难进出港口，严重威胁船舶安全。所以，在有"海浪封港"情况出现时，要紧张动员起来，做好港口内外的防御抢险工作。

在台风的外围，海浪渐趋平静，波长变长，波高变小，浪头圆滑平稳，这种波浪向台风四周传播，达 1000～2000 千米远，称为长浪。长浪传播速度为 50～80 千米，而台风中心海浪移动速度一般为 20～30 千米/小时，慢的在 15 千米以下。所以，长浪一般在台风侵袭前 2～3 天就可以出现，它的来向及其变化，是台风来向及移向变化的先兆。

在台风外围，一般是间断性的小阵雨，随着接近台风中心，雨势加大，台风眼周围，是最大暴雨地带。台风过程暴雨的强度和总雨量，与台风强度、移动路径、移动速度、登陆后减弱快慢、冷空气的侵入以及地形等等，都有密切关系。在一定条件下，登陆后减弱的台风可深入内陆，台风经过的地区会相继产生暴雨。

台风是大气中的涡流，也是物质运动的一种形式。物质可以从一种运动形式转化为另一种运动形式，台风也不例外。那么台风究竟是怎样形成的，形成以后又是怎样发展、衰减的呢？

台风是热带海洋上的"特产"。在纬度 5～25 度的热带海洋面上，经常发生台风的地区有6个：北太平洋西部菲律宾群岛以东、南海以及日本以南的海面上，美洲的墨西哥湾和西印度群岛一带，北印度洋孟加拉湾和阿拉伯海一带，南印度洋非洲东岸的马达加斯加岛附近，北太平洋中美洲西岸海面上，澳大利亚的东岸西北岸海面上。因此，在全球的热带海洋上，除了南大西洋，西经140度以东的南太平洋、北太平洋中部和赤道两侧5度以内的海区很少发生台风以外，在其他海区航行的船只，都要注意台风的袭击。

台风的源地与活动范围

名称	源地	活动范围	
		纬度	经度
台风	北太平洋西部（菲律宾群岛以东和加罗林群岛附近海面）	北纬10～20度	东经125～150度
	北太平洋西部的南海	①北纬18～22度	东经112～118度
		②北纬12～16度	东经114～118度
飓风	北太平洋东部（墨西哥西岸）	北纬8～20度	西经85～130度
	北大西洋西部（墨西哥湾和加勒比海）	北纬8～22度	西经25～75度
气旋	北印度洋东部（孟加拉湾）	北纬8～20度	西经80～100度
	北印度洋西部（阿拉伯海）	北纬8～22度	东经55～80度
	南印度洋西部（非洲东岸）	南纬5～18度	东经50～100度
热带气旋	南太平洋西部（澳大利亚东岸）	北纬8～20度	东经145度～西经165度
	南印度洋东部（澳大利亚西北岸）	北纬8～22度	东经110～145度

在热带海面上，如果某一海区吸收太阳热较多，海水温度升高，就有大量水汽蒸发到大气层中。这个小区域里的空气受热后，体积膨胀，重量减轻，就产生上升运动，而周围较冷较重的空气便流进来填补。这些填充进来的空气又很快地受热、膨胀、变轻、上升，使上升气流越来越大。上升的空气到达高空后，就向四面八方扩散开来。这些向四周扩散的空气变冷后再降下来，于是就形成了一个垂直方向的循环现象，叫做对流。这种对流现象，在条件

具备的情况下，将不断地进行。由于空气不断上升，造成了气压降低，而上升的空气到高空后向四面扩散下沉，又使区域四周气压升高，因此在这个区域就形成了一个弱的涡旋系统，这就是热带低气压或称热带扰动，也就是台风的前身。在全球热带洋面上，每年平均有几百个热带扰动发生，但其中大约只有 1/10 发展为台风，其余大部分发展到一定程度就消失。

那么，台风的形成和发展需要具备哪些条件呢？一般认为，台风形成和发展需要有合适的环境条件和产生弱涡旋的热带流场。台风的生命过程，一般可以分为发生、发展、全盛、衰弱 4 个阶段。平均"生命期"为 8～9 天，个别的长达 1 个月之久。它有大部分"生命期"是在海洋上度过的。

在一个高水温的热带洋面上空，如果有一个弱的热带低压产生，这是台风的幼年期——发生阶段。一般说来，在这个阶段，雨量比较小，风力不大。当这个热带低压移动到合适的环境下，因摩擦作用使气流产生弱涡旋内部流动的分量，把大量热量和水汽带入涡旋内部。湿热空气聚合到弱涡旋中心，产生上升和对流运动，释放潜热，加热涡旋中心上空的气柱形成暖心。由于涡旋中心变暖，空气变轻，中心气压下降，低涡变强，低空暖湿空气聚合加强，更多的水汽向中心集中，对流更旺盛，中心变得更暖，气压继续下降。如此循环，直至发展为台风。台风形成后，一般会继续发展、加强。继续加强的台风，中心气压不断下降，风速不断增大，直到中心气压最低、风力达到最大为止，这是台风的青年期——发展阶段。在这一阶段，台风内部的水汽凝结成云雨最旺盛，螺旋形云带发展迅速，在台风眼外围形成云墙，释放热量最多，也是台风能量储积最多的时候，并伴有狂风、暴雨，登陆时还可能发生海啸。

台风发展到最强时，中心气压不再下降，风力不再增强。"云墙"有时继续扩展，平均半径几百千米，宽的可近 1000 千米，甚至更宽。这是台风的壮年期——全盛阶段。以后，台风渐渐衰减，进入"生命史"最后一个时期——衰亡或变性阶段。

台风"生命史"的最后阶段，通常有两种隋况。一种情况是台风登陆后，逐渐减弱以至最后完全消亡。另一种情况是转变为温带气旋，继续向高纬度方向移去。另外，当台风的外界条件改变时，台风也会很快衰减。

台风生成以后，如同小孩玩的陀螺那样，一面旋转，一面向前移动。近百年来，气象工作者把千百次台风移动的情况作了比较，发现台风移动的情况虽然不一样，但移动路径却有共同的规律性。

在北太平洋西部地区，台风常是先向西或西北方向移动，后转向北或东北方向移动。移动路径大体呈抛物线状。当然有的台风基本上是自东向西移动的。对我国有影响的台风，大致有3条基本路径。

第一条是西行路径。台风从菲律宾以东海面一直向西移动，穿过巴林塘海峡、巴士海峡或菲律宾进入南海，然后在我国海南岛或越南登陆。有时，进入南海西行一段后，再向北移到我国广东省登陆，对我国影响较大。

第二条是西北行登陆路径。台风从菲律宾以东海面一直向西北方向移动，穿过日本的琉球群岛，在我国浙江省、江苏省或上海市沿海登陆，或者向西北偏西方向移动，在我国台湾地区登陆后，穿过台湾海峡，在浙江、福建或广东省东部沿海登陆。

第三条是海上转向和北上路径。台风从菲律宾以东海面向西北方向移动，走过一段路程后，在北纬25度附近的海上转向东北，朝着日本方向移动。但有些台风并不转向东北，而是继续北移，最后在我国山东省或辽宁省登陆。

在南海地区发生的台风，路径不规则。从一些年份的南海台风移动路径来看，基本上偏西北行路径多一些。实际上，台风移动还有许多奇异路径，如打转、方头路径等。

台风可造成多种多样的灾害。成灾的主要原因是狂风巨浪、旋流、风暴潮、特大暴雨以及飑风、龙卷风等。

引起台风害的首先是狂风巨浪。台风附近最大风速可达12级。12级强风具有极大的破坏能力，可以翻船、拔树、倒屋，造成严重破坏。引起台风灾害的第二方面是风暴潮。由于台风是一个中心气压很低的涡旋性系统，在台风中心区

台风将大树连根拔起

域局部海面会被抬高数米之高，加上浅海区地形及台风狂风共同作用，往往会引起风暴潮，造成海面升高，海水入侵内陆。如果风暴潮与天体引力所产生的天文潮重叠，则可造成极其严重的损失。强大的风暴潮可以冲毁海堤、房屋和其他建筑设施，海水涌入城市，淹没田舍。台风成灾的第三个方面是特大暴雨。饱含水汽的台风本身可以形成降雨，也可以与其他天气因素共同造成降雨。暴雨常常能影响到离海岸几百千米的内地。在台风登陆风力减弱之后，暴雨造成的洪水有可能长时间延续。台风引起的暴雨，降雨区中，降水强度极大。

防台风减灾。

台风的能量很大，来势凶猛异常，造成灾害有时是不可避免的。但是及时准确的预报，加上积极有效的预防措施可以大大减少人员伤亡及经济损失。

对台风的预报主要是对其生成及移动路径的预报。影响台风移动的因素有两类。一类是内力因素，另一类是外力因素。一般来说，台风内力较小，变化不大，1~2天内可看作稳定不变。当外力强而稳定时，台风移动比较规则，台风一般取正常路径移动。当外力减弱，内力相对较强时，或外力变化快而复杂时，台风常出现异常路径，因此在作台风路径预报时，首先要考虑外力作用。

多种台风的预报方法对大多数台风的路径及其强度已能作出比较正确的预报，但对异常台风则常常失灵。这些异常台风主要是：①台风路径突变，包括移动方向突变和移动速度突变。②台风强度的突变和台风造成突发性暴雨。因此加强对台风的监测就显得特别重要。近十几年来，由于卫星云图和雷达技术的广泛应用，台风的监测和预报精度已有明显的提高。卫星对台风的监测主要是获取卫星云图，通过对云系特征、云图亮度的发展和变化的分析，不仅实现对台风的定位，而且能够预报台风的移动路径以及异常台风的活动。雷达的应用主要是通过雷达回波，对台风进行定位，及时地发现和预报强台风的移动。

针对不同警报阶段（台风消息、警报、紧急警报），应采取多种应急防灾对策。在经济开发区，基本设施建设时应参照台风灾害的危险程度确定抗台风建筑的等级，对质量差的住房进行加固，乃至疏散人口，撤离城区。

水 循 环

地球——水的王国

在地球上有辽阔无边的沙漠，有无边无际的森林，这对于大多在陆地上生活的人来说再熟悉不过。因此，如果把地球称作"水的王国"，恐怕很多人都不会接受。他们认为在现实生活中，到处见到的是高耸的楼房、成片的农田、绵延的群山，以及前面所说的沙漠和森林，虽然也有源远流长的河流，波光鳞鳞的湖泊，但是无法与前面所提到的那些相提并论。其实，产生这种想法是很自然的。因为我们生活在陆地上，所接触的周围事物是有限的，不能远离地球看一下它的整个面貌。这就要求我们从一个更高的角度来观察我们的地球。

在太空中拍摄的地球图片

1961 年 4 月 12 日的早晨 9 点 07 分，宇宙飞船"东方"号载着人类第一个宇航员加加林，从哈萨克共和国的拜克努尔宇宙发射场出发，开始了人类第一次宇宙航行。

在茫茫宇宙中，人们乘坐宇宙飞船看到的地球就像我们在地球上看到的月亮一样，其形状是圆的，但是它们的颜色不相同，地球的颜色是蓝色的。这是因为地球表面的大部分都被蓝色的海水所覆盖。正因为这样，所以人们也常常把地球叫做"蓝色的星球"，有时也把它称作"水的行星"。这包含一个意思：地球是一个水多陆地少的星球。若我们观察一下地球仪或打开世界地图看一下，就会有一个更直观的印象。

从整体上看，地球的表面可以分为海洋和陆地两大部分。据科学家们计算，地球的表面积为 5.1 亿平方千米，其中海洋面积占 3.61 亿平方千米，那么剩下的就是陆地面积了，是 1.49 亿平方千米。把海洋面积与陆地面积进行一下比较，可以看出，海洋面积与陆地面积的比例大约是 7∶3。也就是说，海洋面积相当于陆地面积的 2.42 倍，这的确是我们习惯于陆地生活的人所不易感受到的。地球上的水绝大部分储存在浩瀚无际的海洋中，据计算，海洋中的水量占全球水量的 97%。储存在海洋中的水，我们送给它一个名字叫海洋水，由于它也分布在地球表面，所以它属于地表水的一部分。那么地表水的其他部分还有什么呢？那就是分布在陆地上的水，因为地球表面总体上分成陆地和海洋两部分。我们把分布于陆地上的水称为陆地水。

对于陆地水，大家接触比较多，而且大部分都很熟悉。比如，陆地上纵横交错的河川，穿行于千山万岭，游荡于广阔平原，有的奔腾汹涌，有的流淌徐缓，似诉说着一个古老的传说；天然洼地中蓄积的水体——湖泊，有的身居高山，被雪山环抱，有的静静地卧在原野，烟波浩渺。还有大家不太熟悉的，但从电视上却能一览其风彩的巍巍高山之巅的千姿百态的冰川，可谓气势磅礴，蜿蜒曲折；更有那充满无穷神秘色彩的南极洲，几乎全部被冰川覆盖；在北极地区，有个被人们称为"雪的故乡"的格陵兰岛，它的 85% 的地面被厚冰覆盖。看看，水在陆地上的分布也是这么广阔啊！在这些河流、湖泊、冰川等陆地水中，储水量最多的是冰川，冰川的储水量比湖泊大约多出 100 倍，比河流大约多出 2 万倍。

尽管以上内容说明水在地球表面的发布很广，还不足以证明地球是"水的王国"。接下来，我们就从其他方面来证明在地球上，水是无处不在，无处不有的。首先从我们周围的空气说起。空气中是散布着水汽的，日常生活中发生的很多现象都是由空气中的水汽引起的。我们平常吃的砂糖都是装在瓶子里或者装在塑料袋中，而且每次用完后，都要把盖拧紧或把袋子口扎紧，如果不这样的话，过一段时间，砂糖会融化，并粘在一起。这就是大气中的水汽在作怪，它们悄悄地钻进瓶子里或袋子中，把砂糖变成了一个一个的大团块，如果进去的水汽再多些，上面的砂糖就变成糊状了。我们刚洗完的衣服，才拿出去晒的时候，湿漉漉的，还在滴水，可过一会儿，就不再滴了，慢慢的衣服也干了，而且滴在地上的水也不见踪影了。这些水都是在你不留神的时候，化为水汽到大气中寻找新的伙伴了。

闲暇时，望望天空，有时可以看见千姿百态的白云，悠闲自在地游来游去，有时像纤细的羽毛，有时像排排的鱼鳞，有时像起伏的山峦，有时像高耸的城堡。有的时候却是另一番景象：乌云密布，黑压压一片，像要掉下来。这些云都是由大气中的水汽凝聚成的小液滴构成的。当这些小液滴在一定条件下，凝聚成大液滴的时候，它们就会在地球引力的作用下，降落到地面上来，这就是我们见到的雨滴。有时它们化成各种各样的美丽雪花，撒向人间。

上面所说的大气中的各种形态的水，把它们统称为大气水。大气水中的一些，我们是能看见的，有一些是看不见的，那是它耍了"隐身术"，将自己藏了起来。天空虽然很辽阔，但它里面储存的水量并不多，整个大气层里的水分总量只有海水总量的1/80000左右，然而却是水王国中最活跃的分子。

除了地球表层的大气中有水外，地球上还有其他地方有水存在吗？唯一没找的地方就是我们脚下的大地了。下面，我们就到地下寻找一下，看看有没有水的足迹。地下蕴藏着极其丰富的水，它们在地下断断续续，彼此相通，构成了一个"无形的海洋"。大家也许会认为坚实的大地之下无法藏住水，即使能藏水也不可能藏得了许多，更不可能形成一个"无形的海洋"。

上至高层大气，下至地壳深处，几乎没有什么地方能摆脱水的影响，几乎没有什么地方没有水的踪迹。可以这样说，在地球上，水几乎无时无刻无地不存在。地球无愧于"水的王国"这个称号。

水的自然界形态

大气中的水

一提到大气，大家是很熟悉的，人们每天生活在大气的海洋里，无时无刻不在和大气打交道，但真正了解它的人并不多，对大气中水汽的认识就更少了。

大气是千变万化的，有时天高云淡，风和日丽；有时狂风怒吼，大雨倾盆；有时寒流滚滚，漫天霄舞；有时隐隐约约，浓雾弥漫。因此，有"天有不测风云"之说。实际上，扮演云雾雨雪的主要角色是水汽。

大气是由水蒸发而形成的，是气态形式的水。既无色，又无臭无味，一般看不见闻不到。有人常常把水壶里冒出来的热气腾腾的蒸汽误认为是水汽，这是一种错觉。实际上，我们能见到的不是水汽本身，而是水汽遇冷后形成的极为微小的水滴。但是，人们可以根据自身感受和日常生活中的经验去了解空气中水汽的多少。譬如，洗过的衣服好长时间干不了，就表明空气潮湿，水汽多。相反，则表示空气干燥，水汽少。

空气湿度的大小与人们的身心健康有着直接的关系。空气中水分多了，湿度大，人身体上的水分和热量不容易散发，因此，你就会感到气闷、呼吸不畅，如果空气中的水分含量少了，空气过分干燥，我们的皮肤和口腔都会感到难受，容易出现皮肤干裂和咽喉干涩。

大气看上去空空如也，但它所能容纳的水分还是有一定限度。如果蒸发的水汽量达到大气的负荷，这时水就不能再蒸发成为水汽，叫做水汽饱和。这同糖在水中的溶化过程很相像。在盛水的杯子里放少量糖，并用勺搅动几下，发现放入的糖全部溶解了，但是如果我们继续往里放，慢慢地，不论怎么搅动，总有一些糖不再溶解了，长时间不化。这时，我们就说糖水已经过饱和了。如果空气中的水汽含量超过大气的负荷，过剩的水汽就会被排挤出来，凝结成水滴或冰晶，这类现象在自然界中屡见不鲜。秋天早晨，草地上的露珠就是大气中的水汽凝结的产物。

大气中所能容纳的水汽量是经常变化的，与气温有密切的联系。气温高，大气中能容纳的水汽多；气温低，大气中能容纳的水汽少。而且空气中的水汽含量不是均匀分布的。从海洋上移来的空气比较湿润，水汽充沛；从干燥内陆上空移来的空气比较干燥，水汽较少。

在水的世界中，大气水的数量很少，只占地球上总水量的十万分之一，而它所进行的活动却非常惹人注目。下面就让我们逐一了解大气水的各种形式。

云

云在天上，它的形态千奇百怪，变幻无穷。有时像一堆弹过的棉花，有时像一块飘浮的轻纱，有时像一片片鱼鳞，有时像一团团浓烟……它们飘浮在空中，离开地面的高度，有的达1万多米，有的只不过几十米。我们登山时往往可以见到这样一种情景：在山下时，看到半山腰有白云缭绕，到了山巅，再往下一看，云在我们的脚下了。

云，五彩缤纷，使人遐想联翩。但云究竟是什么？是气？为什么看得见？是烟？为什么是白色的？是水？为什么不掉下来？这个问题很早就引起了人们的想象和猜测。

直到1880年有个叫丹斯的人用显微镜观测了云粒子，才确定云为小水滴。

云的物理构成

按云的构成，可以分为三类：一是水云，由小水滴所组成；二是冰云，由冰晶所构成；三是水滴和冰晶并见的混合云。

云滴的大小是参差不齐的，云滴的半径在1～100微米范围内变化，其中以2～15

天空中的云

微米的占多数。一般云底、云顶及云的边缘的云滴较小，云的上部云滴较大。

不同类型的云，云滴大小也不同。单位体积云内所包含的云滴个数称云滴浓度。通常用个/立方厘米来表示。在水云和混合云中，云滴浓度通常为几十个/立方厘米至几百个/立方厘米。冰云的浓度则比它们小得多，平均只有 0.01~0.1 个/立方厘米。云滴浓度的这种差异，是冰云中水平能见距离较水云和混合云中为长的重要原因。

不同类型的云，浓度也不相同。对同一块云来说，浓度一般在云底最大，云的中上部最小。单位容积云中水滴和冰晶的总质量，称为云的含水量。单位通常用克/立方米来表示。云的含水量随各类云而异，一般积状云的含水量大于层状云。云的平均含水量还与温度有关。一般来说，温度愈高，含水量愈大。

1. 水云

在纯水构成的云层中，主要是由暖云滴或过冷云滴组成的，温度高于0℃的云是水云，温度低于0℃而高于12℃时，一般为过冷云滴组成的云。云滴可由水分凝结和碰并作用同时进行而茁长变大，水云的含水量多少及其在空间的分布，至关重要。因为它们标志着云内上升空气和环境干空气的混合程度，而且液态水含量的改变，往往伴随着很大的能量变化，如凝结1克水，就要放出2510焦耳左右的潜热。

根据实验观测中、低层的水云，一般含水量不大。如高层云、层积云、层云和积云，含水量范围为 0.05~0.50 克/立方米，但更高的数值偶尔也可出现，所以单纯水云的降水机率较小，可以形成毛毛雨或湿雾。当然，在同高度有不同大小的水滴出现，由于水滴间吸引力的累积，也可形成较大的水滴。就是说，如水云的云层厚，含水量大，上升气流强，水滴的碰并作用明显，也可形成较大降水。由这种作用形成的水滴，主要是看云层中水分是否充足，云层厚薄与否，气流上升速度大小与否等。因子，一般地讲，水云中的水分子没有水汽压力差数，因此水云的云滴合并作用很不显著。

2. 冰云

由冰晶组成的云称为冰云，属于这类云的主要是高云族以及中云族的上部。冰晶是固态粒子，有各种不同的形状，比水滴要复杂得多，习惯上把线性范围大于 300 微米的称为雪晶，而把小于 300 微米的称为冰晶。

初始的冰晶形态基本上有针状、柱状和片状三种。此外还有一些不规则的形状，据自然冰云的观测和室内实验得知，冰晶形状和生长温度有密切的关系。在较高温度下生成的冰晶为针状居多。温度再低时，生成片状和扇形星状，更低到时生成棱柱状等。

雪花是单个冰晶的聚合物，它们主要是由星形枝状冰晶聚合而成，但也有由针状和棱柱冰晶组成的。

3. 水和冰的混合云

由过冷却水滴和冰晶组成的云称为混合云，通常以高层云、雨层云居多。积雨云也属混合云，在混合云中出现冰晶和水滴共存的现象比较典型的混合云结构。冰面上的饱和水汽压小于同温度下过冷水面上的饱和水汽压，也就是说，空气对水面饱和时，对冰面来说已经是饱和了，于是出现了水分不断由水滴向冰晶转移。冰晶则因凝华而增大的现象，这就是混合云中产生较大降水的主要原因。

实际上，自然界中的大片深厚云层，往往是冰云、水云和混合云并存。深厚云层顶部一般是单纯冰云，如卷云等，云的下部是水云、云质点通过碰并增长。云层中部是冰晶和过冷水滴共存产生冰晶效应，所以三种云很难截然分开。它们的生消是错综复杂的过程。

云的外貌特征

云的外形千变万化，种类繁多，但观察结果表明，地球上各处所产生的云，都大致有相同的外貌。凡纤细淡白，具有柔丝光泽，带有一丝一缕形状的称作"卷"。弥漫大片，均匀笼罩着广大地区，经常看不到边际的称作"层"。一团团，拼缀而成，向上发展的称作"积"。云按其高度可概括为经典式的四类。如单纯按高度分类可把直展云归属于低云族，我们这里按国际上的规定将云分成 4 族 10 属。

1. 高云族

云体都由细小冰晶体组成，纤缕结构明显，白色透光而具丝泽，云底

高云族

光滑。高云族的组合相当复杂，姿态很多，在日出前或日落后常带鲜明黄色或红色。

①卷云

纤细毛羽状或带状，分离散处，通常白色无影，带有柔丝般的光泽。

②卷层云

融合成片的卷状云，薄如绢绡般的云幕，日月轮廓分明，经常有晕出现，有时组织不清晰，只呈乳白色，有时纤缕显然，好像乱丝满布。

③卷积云

白色细鳞片或小薄球、小白片，常排成行列或作微波形。

本族三属云底高在极地为 3000 ~ 4000 米，温带为 5000 ~ 13000 米，热带为 6000 ~ 18000 米。

2. 中云族

云层主要由水和冰晶混

中云族

合组成，或由水，或由冰晶组成。云块较大的常有彩环，如是幕状则多是蔽光云，灰暗不匀。

①高层云

由水滴、冰晶和雪花共同组成，是一种有条纹或纤缕的云幕，颜色灰白或浅蓝。这种云比较薄的，代表着卷层云向高层云演变的过渡阶段，很像厚的卷层云，只是没有晕，日月轮廓都不清，光泽昏暗，看去好像隔了一层毛玻璃。有时云层厚而阴暗，日月完全看不到，不过由于厚度不同，某些部分亮一些，某些部分特别暗一些，但是云底没有显著的起伏，而且条纹纤缕状，经常还可以看得出。

②高积云

通常由水滴组成，在冬季高纬度地区，可由冰晶组成，系由薄片或扁平球状云块组成的云层或散片，整列的云层中，个体往往小而薄，影可有可无，高积云块常沿一方向或两方向排列成群，成行或成波，各个体有时相距很近，边缘甚至互相密接。高积云个体边缘薄而半透明，常焕发虹彩，较密厚高积云的云块下，常有下垂的雨迹或雪痕，分别称为雨幡或雪幡。

本族两类云底高在极地为 2000～4000 米，温带为 2000～7000 米，热带为 2000～8000 米。

3. 低云族

云体由细小水滴或水滴、冰晶和雪花混合组成，云块大而云幕很低，颜色有的灰色或灰白色，有的灰暗或乌黑，云体结构疏松。

①雨层云

低而漫无定形的降水云层，带暗灰色，很均匀，微弱的光仿佛发自云内。雨层云是产生连续性降水的主要云层，云底模糊不清，云下常有碎雨云。如果没有降水或者降水而不及地时，由于雨幡或雪幡下垂，云底混乱没有明确的界限，而且看起来似乎很潮湿。

②层积云

薄片、团块或滚轴状云条组成的云层或散片，整列的小个体都相当大，柔和而带灰色或灰白色，有若干部分可能比较阴暗，云块常成群、成行或成波，沿一个或两个方向排列，有时云轴彼此密接，边缘互相连续，布满全天，犹如大海的波涛。

③层云

低而均匀的云层，像雾而不着地。

本族三类云底高在极地、温带和热带均为近地面到 2000 米。

4. 直展云族

由水滴或由水滴、冰晶和雪花混合组成，生成时向上垂直发展消散时向左右横扩，成为分散孤立的大云块。

①积云

垂直向上发展的浓厚云块，顶部成圆弧形或重叠的圆形突起，底部几乎是水平，云体边界分明，云块与云块之间有空隙，常见青天，如云块变得浓密，常下小阵雨。积云云底高平均为 800～1500 米，有时更低些。

②积雨云

浓厚的庞大云体，垂直发展旺盛，花椰菜形的云顶像山或高塔般地耸立着，上部的纤维组织常常扩展而成砧形，云底像雨层云一样有雨幡，下垂。积雨云一般都有阵性降水，有时还下冰雹或伴生龙卷风，雷暴雨也常见。积雨云云底高平均为 400～1000 米，有时更低些。

随着飞行器和物理仪器的发展，人们发现云是由飘浮在空中的大量细微的水滴或冰晶组成的，或者由水滴或冰晶混合组成的。它又是怎么形成的呢？

当水分子刚刚脱离地表，逃逸到空中时，它们个体的体积极其微小，人们用眼睛是无法看到的。这水汽使空气变很潮湿。

由于大气靠来自于地球表面辐射的热量加热，地面附近的空气吸收的辐射热多，温度高，远离地面的大气得到的热量少，因而上部的空气温度低于靠近地表面的空气温度，即大气温度随着高度的升高而有规律地降低。

节节上升的湿空气，随着高度的增加，周围的温度越来越低，使大气中所含的水气渐渐变成饱和状态，并且有可能出现过剩。

假如大气是纯洁无比，没有一点灰尘的话，过剩的水汽还能保持一种特殊的过饱和状态，而不会有水滴产生。可是，这样的情况是极少见的。因为空气中总是含有很多烟粒、尘埃等固体杂质，在大多数情况下，过剩的水汽在它们身上集结凝聚成小水滴。如果凝结温度在 0℃ 以下，小水滴会摇身一变成为晶莹的小冰晶。许许多多肉眼很难看见的小水滴或小冰晶汇集在一起，就形成了云滴。云滴轻如鸿毛，在空中的降落速度甚小，所以容易被上升的气流托住。大量的云滴成群结伙地聚集在一起，组成了各种各样的云层，在空中悠闲地飘来飘去。

云的形成方式

1. 空气上升成云

大气的压力是随高度的增加而减小的，高原上气压较低，所以初到高原的人们，常常不适应而感到不舒适。在海拔大约5千米的高度上，大气压力就只有地面气压的一半。在大约10千米的高度上大气压力只有地面气压的1/5。当空气块在大气中上升时，它的气压下降，体积膨胀，温度就会降低，大气中空气上升，下沉的范围很大，大的上百千米，小的也有几十米。周围大气中的热量很难传输进去，在物理学上这种同周围环境没有热量交换的变化过程叫绝热过程。

大气中的空气上升运动就接近于绝热过程，根据计算，当空气块垂直上升100米时，由于气压降低，体积膨胀，空气温度下降约1℃。这种温度向上减小的速率叫做干绝热温度递减率。一块空气如果上升1千米，那么它的温度就要下降10℃，这样的冷却速率比大气中其他过程都要大得多，所以空气的上升膨胀冷却是大气中最重要的冷却过程，也是最重要的成云过程。

我们知道把1克100℃的水加热成水汽要吸收约2.512焦耳热量，这些热量是很大的，它可以把10倍的水提高温度60℃，水汽凝结成水时，又会反过来放出同样多的热量，所以当空气块达到饱和产生凝结后。凝结放出的热量会加热空气块，使空气块上升100米降低的温度不到1℃。气象学把有水汽凝结的空气块在上升时的温度递减率称为湿绝热递减率。一般约为每100米0.6℃，比干绝热递减率要小得多。

空气如果持续上升几千米，它的温度将按干绝热或湿绝热递减率下降几十度。在这个过程中空气饱和水汽密度大大减小过剩的水汽逐渐凝结出来，形成大量云滴或冰晶，上升的空气可以把云滴和冰晶托带上升，使它们长期在空中飘浮而不致下降，这样就形成了云体和云系。如果大气中的空气下沉，气压就会增大，体积压缩，温度升高，饱和水汽密度增大，水汽达不到饱和状态，云滴、冰晶就蒸发成为水汽，云就趋于消散。所以大气中云的生成和消散过程一般都同空气的上升下沉运动密切联系着。云动力学就是研究云中和它周围空气的运动的，它们决定着云的总体生消规律，所以又称为云的宏观物理学，以区别于研究云中细微粒子组成变化的微观物理学。

2. 大气的对流运动

大气中的上升运动可以分成四种，这就是对流上升，大范围的辐合上升，地形抬升和大气波动，它们也是形成云体的四种主要动力学过程。先来说说对流上升运动。夏季的阳光把地面晒得很热，近地面空气的温度就不断升高，有的地方像向阳坡地，空气温度升得快些；有的地方像湖面，空气温度升高得慢些，温度高的空气块比周围空气轻，这种气块就会向上浮升，周围比较冷的空气就会下沉。这同煮开水相似，锅底发热，使底部的水温升高，锅中心加热最强，水温最高，那里的水就向上浮起，上层较冷较重的水就从四周下沉，冷水在锅底加热后又在中心上升，这样水就在锅里循环，使整锅水都加热了，这种现象叫做对流。

夏季阳光照射加热的近地面空气像锅底加热的水一样，也会产生对流运动，但是空气对流运动的物理过程比煮开水复杂得多。空气上升时气压降低，体积膨胀，温度就会下降，如果空气块里的热量同周围大气没有交换的话，那么空气块每上升 100 米，温度就会下降 1℃。

现在我们来设想一下，如果大气里的空气温度向上是不变的话，在地面加热较多的空气块能不能一直浮升上去？假设空气块在地面比周围大气温度高 2℃，它就向上浮升，上升 200 米以后，它的温度下降了 2℃，周围大气温度上下是一样的，所以在 200 米高度上空气块的温度就同周围大气一样，它就失去了进一步上升的浮力。如果再向上浮升空，气块的温度比周围大气低，它就要下沉了。所以当大气温度向上不变时，空气的对流运动是不能持续地向上发展的。

现在看看大气的另一种状态。大气中温度向上是减少的，每上升 100 米，温度下降 1℃。如果地面有一块空气，比周围大气的温度高 2℃，它就向上浮升，上升 100 米以后，它的温度就下降了 1℃，周围大气在 100 米高度上的温度也比地面下降了 1℃，所以这块空气的温度在 100 米处比周围大气还是高 2℃，它就会继续浮升。在这种大气状态下对流会得到发展，气象学上称为热力不稳定状态。

如果空气里的水汽达到饱和，产生凝结，由于凝结潜热的释放，气块（云块）的温度就按湿绝热递减率下降，每100米仅下降约0.6℃。大气的实际温度递减率只要比湿绝热递减率大，饱和湿空气就可以发展对流，这时在气象学上称为大气的湿不稳定状态。

夏季白天的大气，在近地面的边界层约1000米内，由于地面的加热率很大，往往超过干绝热递减率，热空气的对流上升运动就发展，到了一定高度水汽凝结形成云块，在边界层以上的自由大气里，温度递减率较小，往往在干绝热和湿绝热递减率之间，干空气在这里不能发展对流，但云块由于有凝结热量的释放就能继续对流上升。上升云块的直径一般为几百米到几千米，上升的高度从几百米到几千米，强盛的对流上升运动可以直达十几千米，穿透整个大气对流层。

气块的对流上升速度很大，通常为110米/秒，有的可以超过120米/秒，比一般飞机的爬高速率还大。对流运动形成的云，高耸雄伟，像一座大山，云体直径和厚度相近发展快，变化大，叫做对流云或积状云。

3. 大气辐合抬升运动

地球表面上各地的大气压力是不相等的，有的地区的气压比较低，而周围比较高，这种地区在气象学上叫做低压区。低压区的范围很大，直径在100万米以上，相当于几个省的面积。它们不断移动变化，一般可存在几天时间，空气由于压力不同会从气压高的地方向气压低的地方流去，这就像水从高处向低处流去一样。空气的流动就是风。

在低压周围，空气都向低压中心流去，并作逆时针旋转，气象学上叫做气旋。空气在低压区汇集，物理学上叫辐合，由于地面的限制，辐合的空气会向上流动，形成上升气流，这种辐合造成的上升气流速度较小，一般只有几厘米到几十厘米每秒，比对流上升速度小10～100倍，但它的范围很大，可达上百万米，比对流运动大100倍，面积可大1万倍，它的持续时间可长达几天，比对流运动大几十倍，虽然它的升速很小，但由于持续时间长，空气抬升的总高度有时可达几千米，这就能形成大范围比较均匀的云层，往往伴有连续性降雨，所以一般说来低压区伴有云雨等天气过程，而高压区则晴朗少云，在某一地方如果观测到气压下降，未来往往有云雨天气。

在气旋里，冷空气和暖空气都向中心流动，两者相交形成十分明显的界面，所以强的锋面一般都同气旋相伴，锋面附近有辐合抬升运动。由于暖空气比较轻，冷空气比较重，所以锋面向上是倾斜的，斜向冷空气一侧。暖空气沿着锋面向上抬升，在冷锋区，冷空气不断推进，它们楔入暖空气下面，把暖空气抬举起来，往往在地面锋线附近造成很强的上升气流，有时可达1米/秒。在高空的锋面上暖空气也被抬升，但升速较小，在暖锋区，暖空气不断推进，它们沿着锋面向上抬升，暖锋的坡度很缓，一般小于1，即水平运动100千米，垂直才上升1千米。因此暖空气的上升是十分缓慢的，它的升速只有几厘米/秒到10厘米/秒，它的范围很大，可形成大片云。

成层地布满全天气象上称为层状云。春夏之交，锋面多在江淮流域，暖湿气从海洋上源源而来，含有大量水汽，它们在锋区抬升冷却不断地凝结成层状云系和连续降雨，被称为梅雨。有时锋在该地区长期维持就会连续几天甚至十几天下雨，在广大范围内一次降雨总量最大可达到几百亿吨之巨。

4. 地形抬升和大气波动

空气流动遇到山脉的阻挡，在迎风坡上就会被迫抬升。风速越大，山坡越陡，风向同山脊走向垂直时上升速度就越大。如果湿空气持续地向山脉吹来，在迎风坡上不断抬升冷却，就会凝结形成云体，这种云的地理位置不变，总是在山脉迎风坡上，被称为地形云。假如空气比较潮湿，山也不高时，山顶上往往出现像帽子一样戴在山头上的云叫做帽状云。这种云就是湿空气被山脉抬升冷却凝结生成的，当气流过山以后，下沉、加热，云滴又蒸发了，所以它只在山顶上出现。由于地形的抬升作用，在山脉迎风坡上的降雨量往往比其他地方多，例如在潮湿的偏东气流影响下，太行山东坡雨量较大。浙江、福建沿海山区雨量较大，海南岛五指山东南坡雨量较大而西北坡雨量较小。

气流在迎风坡抬升过山后又下沉，结果形成一起一伏的波动，这种波动还会像海浪一样向下游方向传去，但越远越弱。它还会向上传递，高层空气受低层空气的影响，也产生上升、下降的波状运动，这种波动有时可能影响到 1 万米的高度。

除了地形作用外，大气有时也会由其他原因而发生波动。例如，偌大气中有两层空气，上层较暖，下层较冷。它们的流动方向又不一样，在这两层空气的交界面上就可能像水面一样出现波动，有的地方空气上升，有的地方空气下沉，如果空气比较潮湿，那么上升冷却会使它达到水汽饱和状态而生成云，但在下沉处云滴又因加热而蒸发掉，这样就像山顶的帽状云一样，在波动的最高处，叫做波峰，形成云。而在波动的最低处，叫做波谷，消散后看上去就成排列整齐的云条。云条之间的距离就是波长，即波峰之间的距离。大气中这种波动的波长约为几百米到几千米，当大气中有两个不同方向的波动重叠时，形成的云就像布满棋子的棋盘一样，相当好看。

实际大气的运动是很复杂的，往往是好几种运动的综合结果，例如：在有大范围辐合抬升的地方，特别在强冷锋的前面，有利于对流运动的发展，这样在层状云系中就有对流云错杂其间，我国的暴雨往往是从这种复合云系中降下的，又如地形作用会加强对流运动和抬升运动，使大范围的云和降雨在山脉迎风坡特别发展，雨量也比周围大，在大气的锋面上，暖空气在冷空气之上，所以有时会出现波状运动，结果在锋面云系中又有波状云存在。

5. 超级热机

火车、飞机、轮船等是靠蒸汽机、柴油机等来驱动的，这些机器都靠燃烧燃料产生热量，再使热量转化为动能，这种机器统称为热机。

云是自然界的热机，它的燃料主要就是水汽。水汽凝结释放热量，水汽蒸发吸收热量，在这个过程中空气得到能量，就会形成大风，在对流云中这种过程十分明显，大气低层的湿热空气向上浮升，水汽饱和后凝结，放出大量潜热，使空气加热，密度减小。

云块在浮力的作用下加速上升同时云下气压降低，使周围空气向云底辐合上升，这样空气的上升就更多更快，释放的凝结潜热也更多了，所以对流云开始时云体较小，直径不到 1 千米，气流的上升速度也不大，只有 1～2 米/秒，可是经过几十分钟时间，就能发展成为直径 10 千米，升速超过 10 米/秒，顶高 10 千米以上的积雨云。

云外的干空气往往能混入云中一些地方，这些地方由于云滴和降水在干空气中蒸发冷却，浮力减小，加上云滴和降水的荷重，就会产生下沉气流。冰粒子下落到暖区时融化吸收潜热，也会帮助空气冷却和下沉，空气在下沉中绝热压缩增温，其过程刚好同上升时相反。

在积云发展的湿不稳定大气中，湿空气由于云水的蒸发冷却，其温度在下沉过程中始终比周围空气低，这样它就加速下沉，在下沉区降水倾盆而下，下沉气流速度可以达到同上升气流相近的大小。从云中下沉到达地面的气流，温度比周围原有空气低得多，而气压比较高，这块下沉冷空气从云下向四周扩散，形成很强的水平外流风。它们同周围原来的暖空气有明显的不同，两者之间形成一个界面，就同冷锋相似，叫做伪冷锋或者飑线。

在飑线上，暖空气受云下冷空气的楔入抬升，形成更强的上升气流，使积雨云的上升部分得以维持或发展，凝结出来大量云滴和降水物又能维持和发展云中的下沉气流，结果造成上升—下沉对流，特别强大的风暴就是这样维持和发展的。

从这种风暴云里往往能降下大冰雹、暴雨、风暴来时风向突变，风力迅速增大，温度猛烈下降，气压急剧上升，相对湿度升高而水汽含量下降，往往造成严重灾害在这种强对流云中有时能形成龙卷风。龙卷风是一种水平强烈旋转的气流柱，有强烈的垂直运动，龙卷风的水平最大风速可达 100 米/秒，中心气压很低，比周围低几千帕。龙卷风的破坏力极大，可以使房屋倒塌，大树拔起。上海 1956 年 9 月 24 日的龙卷风，轻易地把一个 110 吨重的大储油桶，举到 15 米高的高空，再甩到 120 米以外的地方。强烈的上升气流把地面上的东西大量卷起升向上空，使龙卷风气柱看上去成为黑色的漏斗状柱体，它们从云中伸下，有时又迅速离开地面。

龙卷风在水面上可以把大量的水吸至空中，这叫水龙卷。有的人看到乌云中伸下一条细长的柱子把水吸上去，就认为这是龙，并把水龙卷叫做

"龙取水"。实际上云中只有空气和水粒子。龙卷很小，生命时间又短，它吸起的水分比起云中水分来真是微乎其微。从云中下落的雨水主要是大量水汽凝结产生的强风暴。

拔树倒屋的强风，托住上千克重的大雹块的上升气流，倾盆暴雨和雷击电闪，它们的巨大能量是从哪里来的呢？主要就是水汽的相变产生的潜热，并同成云降雨过程相联系。强风暴是一台大自然的热机，它的规模和功率都大大超过人类制造的任何热机，称得上是超级热机。

威力惊人的台风是更为强大的热机，其燃料主要也是水汽。有人估计台风释放的能量相当于每分钟爆炸2000万吨炸弹。全球大气和运动也可看作一台热机，太阳辐射是它的燃料，其中一部分加热地面和空气驱动大气运动，一部分使水蒸发，以潜热的形式保存在水汽里，一旦凝结成云时就释放出来，驱动大气运动。

雾

人们常说："云为天上之雾，雾为地面之云。"意思是，云和雾是相似的，只是出现的高度不同，云出现在高空中，雾则像面纱一样紧紧环绕地面。从本质上讲，雾和云毫无区别，都是悬浮在大气中的小水滴或小冰晶组成的。人们平时经常能有机会领略到它的风光。雾来时，风起云涌，雾散时，变幻莫测。置身其中，所见景物，朦朦胧胧，隐隐约约，使人恍如置身仙境，心旷神怡。让我们追溯一下它的身世与云有什么不同吧。

从日常生活中知道，雾大多数时候出现在清晨，太阳出来后，浓雾慢慢变淡，最后消失殆尽。但是很少有人注意到

雾

前一天的天气如何。一般情况下，晴朗的天气易于出现雾。

白天，地球表面在太阳照射下，吸收大量的热量，并不断地向大气中

输送，气温由地面越往高处越低。当晚上来到时，地球表面不能再从太阳那里得到热量，并且由于天气晴朗，白天得到的热量不能有效地保存，很快散失到大气中去。这样一来，依附在地球表面附近的空气迅速冷却。相反，高空的大气受到地面影响较小，冷却得相对慢些。于是出现了与白天正好相反的一种现象：地面气温低，越往高处气温越高。这时，大气处于稳定状态，保证了地面空气的继续冷却。当地面气温降到一定程度，要是空气中水汽充沛，就很容易达到饱和，出现水汽过剩。但光有水汽还是很难形成雾的，因为这些水汽没有落脚生根的地方。雾的形成还需要另外一个条件——凝结核。

大气低层的空气中含有很多的微小尘粒，火山爆发、地面上的大风、森林失火、工业烟囱以及人类的许多活动都能产生大量微小的尘粒。这些小颗粒就成了水汽集中的核心，我们称它为"凝结核"。过剩的水汽在凝结核周围发生凝聚变成小水滴或小冰晶，悬浮于贴近地面的大气层，随着微弱的气流来回游荡，笼罩着大地，使人们视野不清，这便是雾。正是由于这个原因，尘埃多的地方成雾的机会多些，而且也易形成浓雾。

雾滴是很小的。据观测 1 立方米的有雾空气中，约有 1 亿个这样的小水珠，小水珠的平均直径约为 1/1000 厘米。只要空气中存在着微小的乱流或扰动，这些雾珠就能被托住，即使下落，速度也很慢，所以雾能维持很长的时间。

雾为大自然增添了无限的诗情画意，对农作物有滋润作用，但浓雾缩短了人的视野，对飞行、航海和交通运输带来很大不便。另外，由于雾中温度低，雾上温度高，大气很稳定，使得这些地区排出的废气上不去，散不开，都聚集在地面附近，容易造成严重的污染，世界上一些著名的大气污染事件常常发生在大雾的天气时。

雾是水汽在低层大气中凝结形成的，有时，过剩的水汽在地面固体表面，如小草、农作物、石头等固体表面凝结，形成晶莹的小水珠，即大家所熟悉的"露"。

雨

俗话说得好，"天上没云不下雨"。可见，云和雨的关系是非常密切的。云有千姿百态的云，雨有各种各样的雨——随风飘荡的毛毛雨，惊天动地的雷阵雨，时停时续的间歇雨，延绵不断的连阴雨。

很多人也许会认为雨滴是云滴增大形成的。其实，事情可没有这么简单。如果云里的小水滴能自己长大，直到空气实在托不住了，就降落下来成为雨，可实际上很多云下不了雨。下面让我们来了解一下"雨"。

从云中降落下来的液态水滴，直径为 0.5~6 毫米的称为雨；直径小于 0.5 毫米

雨

的称毛毛雨；过冷的雨滴与空中或地面物体碰撞而冻结的雨，称冻雨。当气温低于 0℃ 时，雨滴在空中保持过冷状态，当它同温度低于 0℃ 的物体或地面相碰时，立即冻结成外表光滑而透明的冰层，称为雨淞。从云中降落，但在空中蒸发而不能降落到地面的细微雨滴，外观常丝丝下垂呈幡状，称为雨幡。

适当雨水可滋养万物，可谓雨贵如油；如阴雨连绵，会暴雨成灾；久晴不雨，造成干旱，都会给人们带来灾难，降雨大小和时间长短与人们的生产，生活密切相关，所以了解雨的物理特性非常重要。一般从降雨强度和降雨形态两方面来判定。

单位时间内降雨量的大小称为降雨强度或简称雨强，常以每小时若干毫米来表达。雨的强度可分为大、中、小三级。见下表：

降雨强度划分表

强度 类别	小	中	大
按雨量划分	≤2.5毫米/小时	2.5~8.0毫米/小时	>8.0毫米/小时
按降雨 情况划分	雨落如线，雨滴清晰可辨，下落到硬地和屋瓦上无四溅现象，屋上雨声稀疏轻微	降雨如倾盆，模糊，雨落如线，雨滴不易分辨，下落到硬地和屋瓦上向四面飞溅，地面有水洼沙沙雨声	降雨如倾盆，模糊成片，下落到屋瓦或硬地上，溅起可达10厘米，有哗哗雨声

降雨形态主要由上升气流、水汽供应和云的类型来确定。

（1）连续性雨

持续时间较长，强度变化一般较小；常降自雨层云和高层云中，但是有时雨层云中伴生积雨云，则雨强较大。这主要是由于冷暖空气相遇，形成锋面大范围雨区。

（2）对流性雨

降雨是阵性的，强度变化很快，骤降骤止；天空时而昏暗，时而部分明亮；气温、气压、风等气象要素有时也发生显著变化；常降自积雨云中，浓积云中偶见。这是空气在不稳定情况下，由强对流作用所引起的阵雨，对流性雨常伴有雷暴甚至冰雹、龙卷风等。

（3）地形雨

湿空气受山脉等地形抬升而产生的降水，地形作用一般使山的迎风面雨量增大，雨水常降自积状云。如气流上升缓慢，也可形成层状云，而导致降水。

实际上多数降雨是复合型的。如连续性降水中，也出现时降时停或时大时小的情况，但这些变化都很缓慢。在雨层云边缘部分伴有层积云或高层云就是如此。这种时降时停或时大时小的雨称间歇性雨。

云粒是液态水和固态水的小粒子，要使云粒降落到地面形成雨，必须满足下面两个基本条件：第一是云粒的下降速度必须比云中空气上升运动的速度大；第二是云粒从云中到地面这一段下降空间中，要不被全部蒸发掉，也就是说云粒要有足够大。

那么，云粒要大到什么程度？首先我们分析云粒下降时的三个力作用：地心引力的作用，空气的浮力和阻力作用。要使云粒下降，就必须使云粒受到的地心引力大于空气浮力加阻力之和。云滴和雨滴下降时的速度称为最终速度，它的大小与云粒、云滴或雨滴等的大小有关。云滴和雨滴的大小与最终速度的关系。

一是凝结（凝华）过程，它是由于云体上升膨胀冷却，云内水汽含量维持一定程度的过饱和，云滴因水汽凝结或水汽扩散转移而增长。

20 世纪 30 年代贝吉龙提出，当云中温度低于 0℃，水汽压高于冰面饱和水汽压时，在冰核上形成初始的小冰晶，它可以凝华长大，从而使周围空气中的水汽压降低。当降到水面饱和水汽压以下时，云中的过冷却水滴就会蒸发，水汽很容易被饱和水汽压高的冰晶吸收转移，从而形成大冰晶，大冰晶在云中下坠到温度高于 0℃的云区域时，会融化成大小雨滴并继续通过碰并而形成较大的降水。这就是冰水转化过程的冷云降水过程，也称贝吉龙过程。

二是碰并过程。在暖云中，只要存在少量的大云滴，就可以通过重力碰并和连锁反应形成大量大水滴而发展成降水。因为云滴是大小参差不齐的，大小云滴之间会产生水汽转移现象，同时在云滴下降过程中，由于大小云滴重力不同，下降速度也就不同，降落快的大水滴就会追上降落慢的小水滴，互相碰并后增大水滴。当云中有上升气流或乱流存在时，云滴也会从中产生碰并现象，而增大水滴形成降水。

云中降水光有云滴增大等微观过程并小水滴是不够的，例如，含水量是 2 克/立方米，厚度为 5 千米的云，即使云中的含水量全部降落，也只有 10 毫米的降水，实际上一次降水量远远超过了这个数量，而且每次雨后，天上总是有云存在，显而易见，云中一定还存在着水汽不断输入补充和更新的过程。也就是降雨还必须具备有充分的水汽和足够大的上升气流这两个宏观条件。水汽是形成降水的原料，没有它连云都难以形成，就更不用说降水了。但是有了水汽，还必须依赖于上升气流，使云中的水汽不断得到补充，使云滴不断增大而从云中降落到地面上来。

形成降水的微观过程和宏观条件，是相互联系、相互制约的。上升运动和水汽直接影响着云中水汽的过饱和程度，云中含水量及云滴的碰并情况，控制着云滴的增长过程。同时，云滴不断增大的微观过程反过来又影响上升运动的增减及水汽条件，两者相辅相成，形成降水。

雨来自云，不同的天气系统会产生不同的云，不同的云会降不同性质的雨。一般情况下，毛毛雨降自层云和浓雾之中，降雨多来自高层云、层积云和雨层云。阵雨往往降自浓积云和积雨云之中，如前所述有系统性、指示性、地方性的云形演变，可以找出其演变规律来预报降雨。例如上海地区春夏时节，高空的云是由西南方推上来时，就表明当地受潮湿的西南气流控制，将有高空低压槽影响，未来有阴雨天气出现。天气谚语"南云长，雨水涨"就是这个道理。又如堡状云在夏季早晨出现，一早就已经冲破大气的逆温层，表明空中气流很不稳定，已经有对流运动发生。到了午后，大气受到地面增热作用，对流迅猛发展，往往从浓积云发展成积雨云，带来雷阵雨，故民间中有"朝有炮台云，午后雷雨临"的说法。

雪

"北国风光，千里冰封，万里雪飘。"雪，这个严冬的特色，是大自然的艺术品，几乎每一朵雪花都是一个独特精美的图案。形形色色，千姿百态，令人眼花缭乱。尽管形状极多，但还是有着基本的特征。它的最基本形状是六角形，无论雪花怎么

雪

像万花筒那样变幻无穷，都是严格按照六角形的准则，有条不紊地排列着。它们有的像六角形的薄板，这就是板状雪花，也称片状雪花；有的细得像一根绣花针，称为针状雪花；有的像一截铅笔，这就是柱状雪花；有的如

同6个方向均匀张开的6把小扇子，这就是扇状或花瓣状雪花；还有光芒闪耀的星状雪花；有枝杈繁生的树枝状雪花；更奇特的是还有一种哑铃状雪花。曾有艺术家很有感慨地说："每一朵雪花都是大自然中一件精致的艺术品，是一幅造型奇特的图案。"

雪花为什么不是三角形、五角形，而偏偏都是六角形？这是由水汽在凝华过程中的特性所决定的。在常温常压下，由水汽凝结而成的冰晶，都是六方晶体，不管雪花怎样变幻姿态，总要保持冰晶的结晶形状。这是一条自然规律，也是"雪花六出"的原因。但是，有一种例外情况，极地的雪花不遵守这个规律，因为那里的温度太低了。

雪　花

雪花的基本形状是六角形，但降到地面上的雪花却是千姿百态，有的像鹅毛，有的像柳絮，这其中的道理又在哪里？

这要从雪花最初形成到飞入你眼帘中的经历说起。我们已经知道，在大气中，当温度下降到0℃以下时，云中的水汽不会凝结成水滴而凝结成冰晶。这时的冰晶，一般都是六角形雪片，雪片的各个角相等，这些薄片很像是从六棱铅笔上横切下来的剖面，只不过小得多罢了。

六角形雪片是雪花的原始形状，形形色色的雪花都是由它演化而来的。在一般低温条件下，水汽在冰晶上凝华增大成什么形状，要由云中水汽的数量来决定。如果云中的水汽不太丰富，只有在冰晶的面上达到饱和，那么水汽只凝华生长成柱状或针状冰晶；如果云中的水汽稍多一些，则凝华成片状雪晶。如果云中的水汽非常丰富，则在冰晶的面上、边上、角上都有凝华现象发生，尖角上得到的水汽最充分，所以尖角上凝华速度最快，于是形成了星状或枝状雪晶。

在云里，由于冰晶不断地运动着，它所处的水汽条件也在不断变化，这样使得冰晶一会儿沿这个方向增长，一会儿沿那个方向增长，形成了各种形态的雪花。

雪花有多大？李白的著名诗句说："燕山雪花大如席。"其实，不要说"大如席"的雪花在科学史上没有记录，就是"鹅毛大雪"也是不容易遇到的。可见，诗中夸张成分之大。

事实上，雪花是很小的。雪花的大小取决于水汽凝华结晶时的温度状况。人们常常看到，有些文学作品描写天气严寒时，喜欢用"鹅毛大雪"来形容，其实，这是缺乏科学道理的。在非常严寒时形成的雪花小，气温相对高些，形成的雪花越大。三九严寒天气，很少出现鹅毛大雪，只有在秋末冬初或冬末春初时，才有可能出现鹅毛大雪。它是气温接近0℃的产物，并不是严寒气候的象征。

所谓的"鹅毛大雪"，并不是一个雪花。单个的雪花晶体，直径最大也不会超过10毫米，至多像我们指甲那样大小，称不上鹅毛大雪。鹅毛大雪是由许多雪花粘在一起形成的。在温度相对比较高的条件下，雪花晶体很容易互相联结，粘在一起，尤其气温接近0℃时，雪花的结合能力特别大。成百上千朵雪花合成一朵鹅毛大雪。

提到雪，大家容易自然而然地与寒冷的冬季联系起来。在夏天，绝大部分地区的人们看不到雪花漫舞，并不是说那里的天空形不成雪花，而是雪花还没有落到地面就被融化成水滴了。苏东坡的名句"高处不胜寒"，便是说高层的大气总是处于比较寒冷的状态。高层大气里不管什么季节都有可能形成雪花。只有当贴近地面的低层空气比较寒冷，降落下来的雪花还没有融化时，我们才能看到降雪。关汉卿在《窦娥冤》中描写的"六月雪"，在平原地区好像是咄咄怪事，但在雪线以上的高山地区，却是经常可见的。

人们对于雪有着许多美好的感情。它不仅给人以娱乐和美的享受，更重要的是对农业有莫大的好处。我国各地农村千古流传着"瑞雪兆丰年"的农谚。

雹

炎热的午后，烈日灼人，闷热似蒸。大块大块的乌云在天空中翻腾。

突然强烈的闪光划破乌黑的云层，接着，震耳的雷声隆隆作响。不一会儿，凉风骤起，豆粒大的雨滴自天而降。这样的雷阵雨中常常携带来一位不速之客，那就是冰雹。冰雹是一颗颗乳白色的冰粒，冰粒的大小不一，大的像鸡蛋、核桃，小的只有黄豆、米粒那么大，俗称"冷蛋"、"雹子"。

冰雹，滚圆结实，在地上捡一颗还没来得及融化的，用刀把它切开，看看它的内部到底还隐藏着什么秘密？你会发现，它好像一个葱头。它的中心是一颗白色不透明的珠子，好像白瓷，叫做霰，外面是一层透明的冰。冰外面是一层雪，雪外面又是一层冰。有的冰雹，里里外外有4~5层。

雹

冰雹的这些冰雪相间的层次是怎么形成的？大热天怎么会从天上下冷蛋呢？让我们一起探索一下冰雹的成因，各种问题都会迎刃而解。

冰雹是从一种积雨云中降下来的，这种积雨云称为冰雹或雹云。雹云与一般的积雨云不同，雹云的云底较低，一般离地面只有几百米，但雹云的云顶却很高，可达十几千米。所以雹云的体积是相当深厚高大的，这为冰雹的形成提供了相当大的空间。

雹云中的上升气流是很强盛的，上升气流挟带着大量水汽急速升到高空，很快就变冷了，水汽立即凝华成小冰晶。冰晶吸附许多水汽在它上面凝华，逐渐增大，并随着云中的气流上下来回翻腾。从高空掉下来经过一层过冷水滴时，过冷水滴就在小冰晶上很快冻结。于是，在冰晶身上便聚集了许多小冰粒。由于这些小冰粒之间，小冰粒与冰晶之间，往往夹杂着空气，所以整个冰晶和冰粒变成了白色疏松的小冰团，这就是霰——冰雹的核心。

由于云中的上升气流时强时弱。变化无常，所以冰雹胚胎就这样一次

53

雹灾造成的损失

又一次地被托上去，落下来，落下来，又托上去。当落下时，由于云体下部的温度比较高，冰核落到这里，表面一层冰雪开始融化为水，同时，又有一部分水滴粘上去。当再次被带到高空时，黏附在它表面的一层水滴又开始冻结成一层冰壳，并粘上一层小冰晶和雪花。上上下下经过几次到十几次的重复，冰核外面被包了一层又一层，体积越来越大，分量越来越重。当云中的上升气流再也托不住它的时候，就从云中一落千丈地掉下来，这就是我们所见到的冰雹。

冰雹形成的条件主要有以下三个：

（1）上升的气流运动速度

冰雹云中上升气流速度呈抛物线状分布，即先随高度增大，在云中上部达到最大，在云上部又减小，但要形成冰雹，必须最大上升速度所在的高度要超过温度0℃层，以保证冰雹生长的条件。另外，最大上升速度不应小于15米/秒，使其能托住足够大的冰雹，如果上升气流速度小于15米/秒，在累积区形成的冰雹直径就小于16毫米，它们在降落到地面途中就可能已经完全融化。

（2）累积区含水量

据雷达观测，含水量累积区是冰雹在云中生长的主要地区，冰雹生长时间一般是4～10分钟，在这样短的时间内要从冰雹胚胎，直径为0.2～0.3毫米，迅速长大到直径为15～20毫米的冰雹。必须要求累积区含水量很大，应在15～20克/立方米以上；累积区厚度不小于15～20千米，累积区位置应处在0～40区域内，有充分的过冷却水滴，这样才能保证形成冰雹的充分能源。

（3）冰雹胚胎

形成冰雹要有核心，在云中需有大量的冰核。但由太小的核子来长成冰雹需要很长时间，所以，一般的看法是，冰雹的胚胎主要是过冷却大水滴冻结而成的。在自然条件下，这样大小的过冷却水滴的冻结温度在 -24℃ ~ -20℃。对于冰雹云来说，就要求其顶部能伸展到比这个温度更低一些的高度上去。考虑到雹云内外的温差（在雹云中由于凝结潜热的释放，云内温度高于云外同高度的温度，大时可达5℃ ~7℃）。这样，冰雹云的厚度一般不应小于7 ~8 千米。

冰雹的胚胎数量也应该恰当，如果胚胎数量太多，势必相互争食过冷却水滴，而云中累积区的含水量是有限的，从而使冰雹都长不大，这样就难以形成大冰雹。根据落到地面的冰雹数的测量，推测云中冰雹胚胎的数浓度量级为 10^{-1} ~100 个/立方米。

冰雹形成的过程如下：

当冰雹云中一些较大的云滴随上升气流带至含水量累积区，在上升过程中不断碰撞并增大时，过冷却水滴就会立即同它们冻结在一起，形成冰雹初始胚胎，胚胎随着气流一起升降，继续与水滴、冰晶并合，便逐渐成长为冰雹，当上升气流托不住冰雹时，就降落到地面。

冰雹常常具有透明和不透明冰层相间的内部结构，这种结构与积雨云中温度和含水量分布不均匀有着密切的关系。当冰雹胚胎进入温度较高、含水量较大的累积区里时，由于过冷却水滴在雹核上冻结所释放的潜热往往来不及散失，使一部分过冷水滴的温度升至0℃，在雹核上流散开来，形成一层水膜。当它再次冻结时就成为透明的冰层，这透明的冰层反映了云内含水量高，气温也相对高的生长条件；当冰雹胚胎进入温度较低，含水量较小的区域时，过冷水滴冻结所释放出的潜热散失较快，过冷却水滴就迅速冻结在雹核上，其间夹杂着不少空气，因而形成不透明的冰层。云中升降气流越是时强时弱，冰雹在云中升降的次数就越多，这种透明与不透明相间的层次也越多，冰雹的个体也就越大。

由于冰雹很重，又是从几千米的空中掉下来，所以它的冲击力很强，是一种破坏威力很大的灾害性天气。生长在田野的庄稼最怕它的光临，每当它的"足迹"所到，一片好端端的庄稼便被打得东倒西歪，七零八落。因此，对于这些到大地来"作客"的冰雹，我们要提高警惕，做到提前预报，防患于未然，在云层里就毫不留情地把它消灭掉。

雨凇和雾凇

雨凇和雾凇都是由过冷水滴或雾滴在地面和地物及树木上形成的冻结物或凝华物，雨凇又叫冻雨。它们对交通、电线、树木都有严重影响，也越来越被人们所重视。

雨凇主要是由于近地层里有温度向上逆增，锋面上产生的过冷却液态降水（冻雨）落到温度低于0℃的地面或地物上冻结而形成的。雨凇呈透明或毛玻璃状，外表光滑或略有隆突，冰层质地坚硬紧密。

雨 凇

雾 凇

雾凇一般分为粒状雾凇和晶状雾凇两种。粒状雾凇往往在风速较大的雾天里，气温为 -7℃ ~ -2℃ 时出现。它是由过冷却的雾滴与细长的物体相接触时形成的，由于冻结速度很快，因而雾滴仍保持原来的形状，成为附在物体上像雪一样的冰粒凝附物。晶状雾凇是由冰晶所组成，在雾滴蒸发时，由水汽凝华附在细长的物体上而形成，它往往在有雾、微风且温度低于－15℃时出现，密度小，增长速度慢，每小时约1毫米厚度平均不超过1厘米，形状如绒毛，稍受风吹或震动即易散落，因而一般不易造成灾害。霜、雾凇、雨凇三者容易互相混淆，主要区别见下表：

霜、雾凇、雨凇的区分

名称	外形特征	成因	天气条件	容易附着的物体部位
霜	白色松脆的冰晶	地面或近地物体冷却到0℃以下，水汽凝华而成，或由露冻结而成	晴朗、微风、湿度大的夜间	
雾凇	乳白色的冰晶层或粒状冰层较松脆	过冷却雾滴在物体迎风面冻结或严寒时空气中水汽凝华而成	气温较低（－3℃以下），有雾或湿度大时	物体的凸出部分和迎风面上最多
雨凇	透明或毛玻璃状的冰层，坚硬、光滑	过冷却雨滴或毛毛雨滴在物体（温度低于0℃）上冻结而成	气温稍低，有雨或毛毛雨下降的时候	水平面、垂直面上均可形成，但水平面和迎风面上增长快

水 的 运 输 管 道 —— 河 流

河流的成因

自古以来，人们对河流就有着深厚的感情。在古老的原始时代，我们的祖先就依山傍水居住，不少村庄、城镇就建在河边，甚至随着河流的变迁而兴亡。世界上古代文明的发祥无不与河流相关。九曲黄河被称为"中华民族的摇篮"，非洲的尼罗河，西亚的幼发拉底河、底格里斯河和印度的恒河，孕育了古埃及、古巴比伦和古印度的灿烂文化。

大地上的江河在陆地表面纵横交错，蛛网般地分布着，是陆地表面水流和泥沙输移的主要通道，那些干流就好比地球身上的大动脉，那些细细的支流如同毛细血管，不断给大地带来新的"血液"，滋润着地球上的生命，有的浩浩荡荡，奔向海洋；有的越流越窄，最后消失在沙漠中；有些河流像捉迷藏一样，一会儿钻入地下消失得无影无踪，一会儿又在什么地方而出；有的河流"行踪"不定，经常改道；有的河流含沙量大，有的河流含沙量小；有的河流形如"九曲回肠"，还会自然截弯取直，等等，可谓各式各样，这些都与河流所流经地区的地形、气候密切相关。

泥沙含量巨大的黄河

这么多特性各异的河流，是怎样形成的？它们最初的模样有着相同的成长过程。靠的并不是人力，而是自然的力量。

一般来说，形成一条河流必须具备两个条件：①有经常不断地流动着的水，②水在其中流动的"槽"。

陆地上成千上万条河流，昼夜不停地流着，其水源是从哪儿来的呢？河流的水源是一个复杂的问题，科学上叫河流的补给。

首先，雨水是世界上大多数河流的最重要的水源。从前面的水循环中已经了解到，海洋和陆地表面都不停地进行着水分蒸发，把水蒸汽送入大气，大气中的水汽9/10以上以降水形式落回地面，进而影响河流的流水。

河槽上空的降雨，可直接加入江河的水流中，但河槽的面积毕竟是不大的，所以河槽上降雨的补给常常是微不足道的，一旦降雨停止，这种补给也就立刻消失。河流的降水补给，主要来自它的广大的集水区域。那些没有直接降落到河槽内的水，并不立即产生径流，而是首先消耗于地面上的植物截留、地面下渗、填洼及蒸发等。降雨被植物截留的现象叫植物截留，植物截留的水量不大，它将被蒸发掉。雨水从地面向下不断地渗入土壤的过程，叫下渗。当降雨满足下渗之后，将形成地面积水，蓄积于地面洼地，称为填洼。随着降雨的继续进行，满足填洼后的水开始沿着地面流动，称为地面径流。

在一次降雨过程中，由于各处的植物截留量、下渗量和填洼及蒸发量的不同，地面径流出现的时间、地方有先有后。开始出现的地面径流在坡面上呈面状流动，称为坡面漫流。在漫流过程中，坡面的水流一方面直接接受降水的直接补给，另一方面在前行的过程中不断地因蒸发而消耗。如果降雨很大或降雨时间很长，地面径流就能最终注入河网。这种补给常常在雨后还能持续一段时间。

"河流是气候的产物"，降水的多少和降水的方式对河水变化影响很大。陆地上各处的降水量有很大差别，一般是降水量多的地方，河流水量也大；降水量少的地方，河流水量少。我国气候属于季风气候，全年降雨量大部分集中在夏、秋两季。

黄河断流

所以夏、秋两季，河流常常形成洪水，带来洪涝灾害。在少雨或无雨的冬季，江河水量显著减少，出现一年中的枯水期，有的河流甚至出现断流现象。

另外，还有许多因素也影响着河水。比如说，地面的蒸发，如果降水的大部分被蒸发掉了，那么流到河里的水量自然要大为减少。有些地方每年降水量的60% ~70%成为河水，但另一些地方则只有30% ~40%成为河水。这种差别，取决于当地的气候、地形、地质、植物和人类活动等的影响。

降水的方式是多种多样的，在热带和温带地区，降雨是主要形式，在寒带和高山地区，降雪为主要形式。但是，不管哪一种方式，降到地面之后，都可成为河水的来源。

季节性积雪的融水，是河水的又一来源。有些河流，由于春季集水区内积雪的融化，补给河流，使河水流量大增形成春汛，有些地方称为桃花水。这种积雪补给河流的水量，受冬季积雪厚度的影响。由于冰雪的融化受气温高低的制约，所以，一般说来，一年中7、8月气温最高，融水补给河流的水量出现最大值，冬季出现河流的枯水期。在夏季午后的1～3点，融水量最大，晚间由于气温降低，白天融化的冰雪水可能再次冻结成冰。因此，以冰雪融水为主要补给来源的河流常常出现这样的现象：清晨还干涸无水，下午却神奇般地水流汹涌，让人无法通过。

有些山区的湖泊，也常成为河流水的来源。白头山天池，水面恬静、群峰环抱，天池北面，有68米高的瀑布飞流而下，成为松花江的源头。

地下水也是河水的重要补给来源之一。尤其在枯水季节，降水稀少，河流中水量减少，水位下降，出现地下水位高于河流水位的情况，这时，地下水补给占很大比重。除以上所说的河水的几种补给来源外，还有沼泽水和冰川融水的补给。

干枯的河床

一般说来，一条河流的补给水源往往是多方面的。例如长江，它既有雨水的补给，也有冰川、湖泊、沼泽等补给水源。补给水源还因季节和地域不同而变化。在一年中，冬季降水少，多数河流只能从地下水得到补充；春季既有降水，又有冰雪融水；夏秋季则几乎全部以雨水为主要来源。在地域上也有很大不同，往往在河流的某一段以冰雪融水补给为主，而另一段则以雨水补给为主。

构成河流的另一个基本条件是容纳水的河槽，又称为河床。河槽是经常有河水流动的"槽"。槽的塑造过程不是一朝一夕完成的，经过了水流的成年累月的辛苦劳作。雨滴落到地面上，经过一段时间，产生了地面径流。在地面比较松软的地方，就慢慢地冲出一条小沟来，在小沟里形成细流。

经过数次雨水的冲刷，小沟越来越大，这样的小沟也越来越多。逐渐地，相邻的小沟不断扩展汇在了一起。汇合后的水流量大了，冲刷力也随之增强。后来，小沟扩大成了溪涧，许多溪涧汇集起来，就成了江河。

河流的特征

由于受到地质、地形、土壤和流水冲刷能力的影响，水流塑造的河槽形态也各不相同。与河流有关的，大家常常看到"流域"这个名词，它是什么意思呢？我们已经知道，河流的水是从四面八方汇集而来的，每一条河流都有自己的集水区，这个集水区所占有的面积就是该河流的流域，两个流域之间以山岭或高地隔开，这个山岭或高地叫分水岭。

流域的大小相差很悬殊，大的可达数百平方千米，小的则不到10平方千米。根据流域内河流的水最后是流入海洋里，还是流入沙漠或内陆湖泊，把流域分成两种，前者叫"外流区域"，后者叫"内流区域"。例如，长江流域属外流域，最终汇入东海，新疆的塔里木河流域属内流区域，塔里木河最终消失在大沙漠中。

在一个流域内，流水沿着自己开凿出来的槽逐渐集中，有些河槽是经常有水的，有些是暂时有水的，但是，不论哪种情况，它们总是由小溪、小河集成大河，互相联结，在流域内构成一个脉络相通的系统。这个系统就是水文学上所说的水系。在一个水系中的河流还分为两种，直接流入海洋或湖泊的河流叫做干流，直接或间接注入干流的河流叫做支流。这好比一棵大树，干流相当于大树粗壮的树干，支流好比大大小小的树枝，所不同的是：河流的水由支流逐渐汇集于干流中，最后找到自己的归宿，树中的水分则由树干向树枝、叶子输送。

水系的名称通常以它的干流来命名，如大家常听到的长江水系、淮河水系等。水系的平面形态各种各样。世界上大多数河流是树枝状水系，这种水系的干支流呈树枝状，我国华南的西江就是这种典型的水系形状。

看一下我国的淮河，北岸从西北向东南依次流入干流的支流彼此平行排列，相互之间的距离大致保持不变，这样的水系称为平行状水系。我国的滦河水系，两岸的支流数量不相上下，分别从两岸相间汇入干流，很像羽毛的形状，命名为羽状水系。我国的海河呢？其上游的北运河、永定河、大清河、子牙河、南运河等来自不同的方向，呈扇状分布，都在天津附近比较集中地汇入海河，构成很明显的扇状水系。

还有一种挺奇特的干流与支流的组合方式，它们呈格子状分布。如我国的闽江即为格状水系。有些河流，由于流经地区的地形复杂，上、中、下游水系的形状不同，往往由两种或两种以上的水系构成，这种水系称为混合水系。

"V"形的峡谷

对于每一条河流来说，都有河源和河口。河源指的是河流的发源地。有的河流以泉水为源，有的以湖泊为源，有的以冰川融水为源。大河的河源一般以长度最长的干流作为它的源头。河口是河流的终点，即河流流入海洋、湖泊、河流或沼泽的地方。在气候干旱的沙漠地区，有些河流由于水分的强烈蒸发和向下渗漏，经常流着流着就消失在沙漠之中了，这种河流常称为盲尾巴河。从河源沿着干流到河口的长度，即是河流的长度。

除了河源和河口之外，每一条河流的其他部分还可分为上、中、下游三段。上游是河流的发源区，地形陡峻，多瀑布，水流较小但湍急，有很大的力量，像一把锯子，不断地冲刷着河底的岩石，使河谷不断加深，形成"V"形的峡谷。中游地形坡度变缓，流量相对增大，冲刷和淤积都不严重。到了下游，地形更加平坦，水流比较平缓，像温顺的羔羊，河水中挟带的泥沙慢慢沉积下来，河流中常见浅滩、沙洲，河槽多细沙和淤泥。

为什么河流总是弯弯曲曲的

对每一条河流来说，它们的样子也是不一样的。有的顺直奔流，不弯不折，有的蜿蜒回转，弯弯曲曲。然而最为常见的还是弯曲型河流，特别是在平原地区，河道左右蜿蜒，酷似蛇身，这种河流弯曲的现象，地理学家称之为河曲。为什么江河水不径直奔流向前，怎么还绕那么多弯，走那么多多余的路呢？

这其中，地形是一个因素，但还有其他的原因。

自然界中的任何一条河道，在最初形成时不可能是理想的直线，总有一点轻微的弯曲。就在弯曲的地方，水作曲线运动，由于惯性和离心力的作用，水流就冲向凹入的一岸，使凹岸的水面略微高出凸岸的水面，造成左右岸水体的压力不同，进而使水流产生横向运动，形成横向环流，这种环流叠加在河流

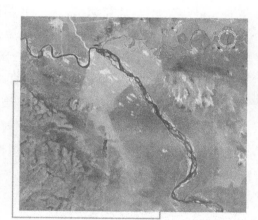

河　曲

总的不断向前的流向上，就使整个河道内的水流具有了螺旋流的特征。这种螺旋流极类似于一根弹簧，从弹簧的一端沿着弹簧丝运动，虽然一圈一圈地横向运动，但同时还是向前前进了。横向环流的流向在表层冲向凹岸，使凹岸受到冲刷，这种对凹岸的冲刷作用，地理学家称为"侧蚀"。由于侧蚀，凹岸发生崩塌，河岸变陡，并不断后退。相反地，冲向凹岸的水流向下奔向河底，携带着在凹岸侵蚀下来的泥沙，流向凸岸，并在凸岸下方不断堆积下来，并不断延长。从而形成一系列不对称的弯曲。"左岸江倒右岸扶"揭示的就是这个道理。

随着侧蚀的进一步加剧，河流弯曲的程度越来越大，从而反过来又促进了侧蚀能力的增强，于是河曲发展越来越大。久而久之，"九曲回肠"就形成了。当然，河曲的发育过程不是一瞬间完成的，而是经历了漫长的时

间，这只要看看河流的历史就知道了。

随着曲流的进一步发展，弯曲不断加大，相邻的两个河曲会不断靠拢，这时，如果受到一次较大洪水的冲击，河流便会在两个相邻的河曲之间发生决口，河水由上一个弯曲河道冲入下一个邻近的弯曲河道。在决口处旁侧的废弃河曲中的水流减少，逐渐被泥沙淤积堵塞，不再有经常性流水，从而与原来的河流独立开来，变成湖泊。这种湖泊的形状很像牛，因此，常称这种成因的湖泊为"牛轭湖"。河流的这种自动顺直的现象称作"裁弯取直"。所谓的"三十年河东，三十年河西"就是指的这种自然过程。

长江中游的下荆江河段是我国曲流最发育的河流。长江在宜昌以上，滩险流急，水势汹猛，在宜昌以下，则缓和下来，河道迂回曲折，宛如彩绸飘舞。下荆江，从长江藕池口到城陵矶，两地的直线距离只有 87 千米，然而河道的实际长度却可达 240 千米，其曲折程度可想而知，河道一下子弯向北面，一下子又弯向南面，左右蜿蜒，如九曲回肠。湖南湘江流经南岳衡山的一段，河道也很弯曲。那一带流传着"帆转湘转，望衡九面"的歌谣，形象生动地描绘出因河道的弯曲，帆不断地变换着方向，以致船上的人可以看到巍巍衡山的各个侧面。

河流的力量

河流是地球上一支强大的运输队，从它诞生的那一天起，就永不休止地在大地上雕刻刨蚀，它所雕琢下来的东西，连同从其他地方流进来的杂物，被奔腾的河水采取拖、推、拉等多种方式携带着，浩浩荡荡向大海流去。大海每天不知要接收多少出河流搬来的"货物"。无论是可溶性的盐类，还是不可溶的固体，不管是有用的东西还是无用的东西，大海都不加选择地一股脑儿地容纳，其中数量最多的是泥沙。

地上河地貌

地面上的大小河流都挟带一定量的泥沙，只是多少不同。我国的黄河，是世界上含沙量最大的河流，有"一碗水，半碗泥"之说。由于黄河泥沙量大，使下游河床不断淤积抬高，甚至大大超过了两侧的地面，成为著名的"地上河"。

　　有人计算过，世界上各主要河流平均每年从大陆上搬到海洋里去的泥沙约有16立方千米，如果继续这样不断地搬运，那么125000年以后，整个地球陆地表层的厚度将平均降低1米。如此大量的泥沙是怎样被搬运到海里去的，河水使用了什么"绝招"使它们那样服服贴贴地运移千里的？

　　在这方面，河水的确显示了它的高超本领，它摸透了泥沙的不同"个性"，分别采用不同的策略，来达到运移它们的目的。掺杂在水中的细小泥沙，悬浮在水中。由于自然界的水流方向虽然是不断向前的，但是，水体中各个部分的运动方向和运动快慢是不一致的，出现大大小小的漩涡，这样，较为细小的泥沙就不容易下沉，而是保持悬浮在水里的状态，不断被水流带向远方。一般说来，水流动得越快，漩涡也愈剧烈，运移的泥沙物质也愈多，相反，泥沙便容易沉降，并堆积下来。在河流的下游，由于地形坡度变缓，水流速度减慢，出现堆积现象。水流的这种搬运悬浮于其中的细小颗粒的方式，称为悬移。这种方式对于河水移动细小的泥沙是非常有效的。

　　对于一些中小沙粒，它们一蹦一蹦的，呈跳跃式前进，故把这种运移方式取名为跃移。如果靠近河床的水流，在某一瞬间对沙粒的推动力比较大，就会使沙粒离开河底，向前移动，但因泥沙颗粒比水重，它会逐渐落回到床面上，如果沙粒跳跃得比较低，水流动较慢，泥沙落回床面后，不会继续跳动。如果沙粒跳跃得比较高，水流的速度又很大，则沙粒落回到床面后，

三角洲居民区

还会乘机重新跃起。

可对于一些较为粗大的颗粒，由于它们很重，水流举不起它们，只得任它们沉在河底。不过，水流还是很聪明的。既然扛不动，就推着它们走，推也推不动的，就使它们滚动。这和日常生活中的经验也是很相似的。如果有一个大箱子，很重，你搬不动，可是你有可能推得动它或者翻动它。正是根据这个道理，水流把这些比较顽固的大颗粒一点一点地推向前进。这种泥沙在水流中的移动方式，称为推移。推移颗粒的大小与水流速度有关。山间溪流，流速很大，能推动大得惊人的巨砾。

就这样，泥沙在河水中有浮着走的，有蹦跃着走的，还有打着滚走的，汇成了一支强大的泥沙队伍。这支队伍在前行的过程中，不断吐故纳新，一些新成员被吸收入伍，另有一些退伍休息，最后入海的与最初的成员已有很大差异。

河流搬运的泥沙，到下游因为水流越来越慢，就开始沉积下来，其中有很大一部分沉积在河流入海的地方，形成了"三角洲"。广大的黄河三角洲和长江三角洲就是这样形成的。

河流的功与过

河流是地球上水分循环的重要路径，对全球的物质、能量的传递与输送起着重要作用。流水还不断地改变着地表形态，形成不同的流水地貌，如冲沟、深切的峡谷、冲积扇、冲积平原及河口三角洲等。在河流密度大的地区，广阔的水面对该地区的气候也具有一定的调节作用。

地形、地质条件对河流的流向、流程、水系特征及河床的比降等起制约作用。河流流域内的气候，特别是气温和降水的变化，对河流的流量、水位变化、冰情等影响很大。土质和植被的状况又影响河流的含沙量。一条河流的水文特征是多方面因素综合作用的结果，例如河流的含沙量，既受土质状况、植被覆盖情况的影响，又受气候因素的影响；降水强度不同，冲刷侵蚀的能力就不同，因此在土质植被状况相同的情况下，暴雨中心区域的河段含沙量就相应较大。

河流与人类的关系极为密切，因为河流暴露在地表，河水取用方便，是人类可依赖的最主要的淡水资源，也是可更新的能源。

我国的河流具有数量多、地区分布不平衡、水文特征地区差异大、水力资源丰富等特点，这些特点的形成与我国领土广阔，地形多样，地势由青藏高原向东呈阶梯状分布，气候复杂，降水由东南向西北递减等自然环境特点密切相关。

我国的东北平原、华北平原、长江中下游平原以及四川盆地内部的成都平原，都是由河流的冲积作用形成的冲积平原。黄土高原上很多地方受流水侵蚀，使地形具有独特的特征。因此，河流知识是学习分区地理的重要的基础知识。

河流为我国的四化建设提供了淡水资源和能源。我国河川径流量为2.61万亿立方米，居世界第六位，为农业提供了丰富的灌溉水源。我国的农田灌溉水量及灌溉面积均居世界第一位。河流还具有养殖、航运之利，并提供了生活及工业用水。我国水力资源丰富，提供了丰富的可更新能源。

在历史的长河中，河流在为人类带来诸多好处的同时，也为人类带来了不少的灾难。当降雨量过多时，河水水位就会上涨，当河水对河堤的压力超过河堤的承受能力时，河水就会泛滥，淹没人类的农田以及家园，使成千上万的人们流离失所。所以，在历史上有不少治水的故事发生，如大禹治水，已经是家喻户晓了。

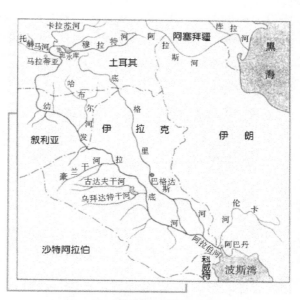

幼发拉底河和底格里斯河地图

但是总的来说，河流功大于过，人类的生存是离不开河流的。无数的人类文明都是发源于有河流的地方。如四大文明古国——中国、古印度、古埃及、古巴比伦，就分别发源于黄河、恒河、尼罗河、幼发拉底河和底格里斯河。

我国河流的现状

（1）我国河流众多，但地区分布不均衡。我国流域面积超过 100 平方千米的河流有 5 万条，超过 1000 平方千米的河流有 1500 余条，超过 1 万平方千米的有 79 条。天然河道总长约 43 万千米，但地区分布不均衡，其中以太平洋水系的河流流域面积最大，约占全国总面积的 56.71%；其次为印度洋水系的河流，占 6.52%；北冰洋水系仅占 0.53%，另外有 36.24% 的内流区域。河网密度自东南向西北递减。

（2）我国河流的径流量，年内及年际变化均大，有夏季丰水、冬季枯水、春秋过渡的规律。如长江，夏秋水量占年径流量的 70%～80%，冬春较少。

（3）我国许多河流的含沙量、输沙量较大。全国每年的输沙量超过1000 万吨的河流有 42 条，黄河陕县站多年平均输沙量为 16 亿吨，与世界其他大河相比，是密西西比河的 5.2 倍，亚马孙河的 4.4 倍，刚果河的 24.6倍。长江的多年平均输沙量为 5 亿吨。因此，在黄河下游及长江的荆江河段，由于泥沙沉积成为"地上河"。

（4）我国水力资源丰富，水力蕴藏量为 6.8 亿千瓦，居世界首位。但分布不均衡，长江的水力资源占全国水力资源蕴藏量的 40%。

（5）我国河流的水文特征，地区差异大。根据流量、水位变化及汛期长短、含沙量、结冰期等特征，我国的外流河可分为 4 个类型：以黑龙江及其支流为代表的东北山区河流；以黄河、海河为代表的秦岭—淮河以北地区的河流；以长江为代表的秦岭—淮河以南地区的河流；以及横断山区的河流。另外还有以塔里木河为代表的内流河，又有其独特的水文特征。

世界大河现状

1. 流经国家最多的河流——多瑙河

多瑙河是一条著名的国际河流，是世界上流经国家最多的一条河流。

它发源于德国西南部黑林山东麓海拔 679 米的地方，自西向东流经奥地利、捷克、斯洛伐克、匈牙利、克罗地亚、塞尔维亚、保加利亚、罗马尼亚、摩尔多瓦、乌克兰等 10 个国家后，流入黑海。多瑙河全长 2860 千米，是欧洲第二大河。多瑙河像一条蓝色的飘带蜿蜒在欧洲的大地上。

多瑙河沿途接纳了 300 多条大小支流，形成的流域面积达 81.7 万平方千米，比中国的黄河还要大。多瑙河年平均流量为 6430 立方米/秒，入海水量为 203 立方千米。

多瑙河两岸有许多美丽的城市，她们像一颗颗璀璨的明珠，镶嵌在这条蓝色的飘带上。蓝色的多瑙河缓缓穿过市区，古老的教堂、别墅与青山秀水相映，风光绮丽，十分优美。

2. 世界最长的河——尼罗河

尼罗河纵贯非洲大陆东北部，流经布隆迪、卢旺达、坦桑尼亚、乌干达、埃塞俄比亚、苏丹、埃及，跨越世界上面积最大的撒哈拉沙漠，最后注入地中海。流域面积约 335 万平方千米，占非洲大陆面积的 1/9，全长 6650 千米，年平均流量 3100 立方米/秒，为世界最长的河流。

尼罗河流域分为 7 个大区：东非湖区高原、山岳河流区、白尼罗河区、青尼罗河区、阿特巴拉河区、喀土穆以北尼罗河区和尼罗河三角洲。最远的源头是布隆迪东非湖区中的卡盖拉河的发源地。该河北流，经过坦桑尼亚、卢旺达和乌

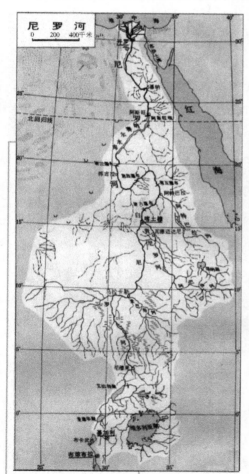

世界第一长河——尼罗河

干达，从西边注入非洲第一大湖维多利亚湖。尼罗河干流就源起该湖，称维多利亚尼罗河。河流穿过基奥加湖和艾伯特湖，流出后称艾伯特尼罗河，该河与索巴特河汇合后，称白尼罗河。另一条源出中央埃塞俄比亚高地的青尼罗河与白尼罗河在苏丹的喀土穆汇合，然后在达迈尔以北接纳最后一条主要支流阿特巴拉河，称尼罗河。尼罗河由此向西北绕了一个"S"形，经过 3 个瀑布后注入纳塞尔水库。河水出水库经埃及首都进入尼罗河三角洲后，分成若干支流，最后注入地中海东端。

3. 含沙量最大的河——黄河

黄河发源于青藏高原巴颜喀拉山北麓的约古宗列盆地西南缘的雅拉达泽，曲折穿行于黄土高原、华北平原，最后在山东垦利县注入渤海。全长5464 千米，有 34 条重要支流，流域面积 75 万平方千米，是中国第二大河。黄河以泥沙含量高而闻名于世。其含沙量居世界各大河之冠。据计算，黄河从中游带下的泥沙每年约有 16 亿吨之多，如果把这些泥沙堆成 1 米高、1米宽的土墙，可以绕地球赤道 27 圈。"一碗水半碗泥"的说法，生动地反映了黄河的这一特点。

黄 河

黄河多泥沙是由于其流域为暴雨区，而且中游两岸大部分为黄土高原。大面积深厚而疏松的黄土，加之地表植被破坏严重，在暴雨的冲刷下，滔滔洪水挟带着滚滚黄沙一股脑儿地泻入黄河。由于河水中泥沙过多，使下游河床因泥沙淤积而不断抬高，有些地方河底已经已经高出两岸地面，成为"悬河"。因此，黄河的防汛历来都是国家的重要大事。新中国成立以来，国家在改造黄河方面投入了大量人力物力，黄河两岸的水害逐渐减少，昔日的黄泛区变成了当地人民的美好家园。但是，人们与黄河的斗争还远没有结束，控制水土流失、拦洪筑坝、加固黄河大堤还是十分艰巨的工作。

4. 流域面积与流量最大的河流——亚马孙河

亚马孙河是世界流域面积最大的河流，亚马孙河流经的亚马孙平原是世界上面积最大的平原。亚马孙河是世界上流量最大、流域面积最广的河流。其长度仅次于尼罗河（约6400千米），为世界第二大河。

据估计，所有在地球表面流动的水有20%～25%在亚马孙。河口宽达240千米，泛滥期流量达18万立方米/秒，是密西西比河的10倍。泻水量如此之大，使距岸边160千米内的海水变淡。已知支流有1000多条，其中7条长度超过1600千米。亚马孙河沉积下的肥沃淤泥滋养了65000平方千米的地区，它的

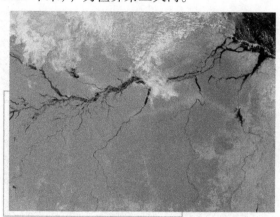

亚马孙河

流域面积约705万平方千米，几乎是世界上任何其他大河流域的2倍。

5. 中国最大的内流河——塔里木河

塔里木河由发源于天山的阿克苏河、发源于喀喇昆仑山的叶尔羌河以

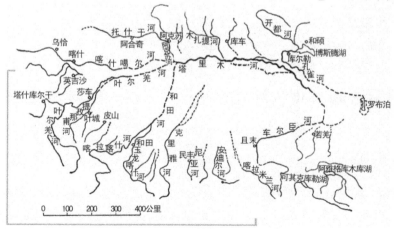

塔里木河地图

及和田河汇流而成，流域面积19.8平方千米，最后流入台特马湖。它是中国第一大内陆河，全长2179千米，仅次于俄罗斯的伏尔加河（3530千米）、锡尔—纳伦河（2991千米）、阿姆—喷赤—瓦赫什河（2991千米）和乌拉尔河（2428千米），为世界第五大内陆河。

6. 世界最大的内流河——伏尔加河

伏尔加河是欧洲第一长河，发源于俄罗斯加里宁州奥斯塔什科夫区、瓦尔代丘陵东南的湖泊间，源头海拔228米。自源头向东北流至雷宾斯克转向东南，至古比雪夫折向南，流至伏尔加格勒后，向东南注入里海。

美丽的伏尔加河

河流全长3688千米，流域面积138万平方千米，河口多年平均流量约为8000立方米/秒，年径流量为2540亿立方米。

伏尔加河干流总落差190米，平均坡降0.007。河流流速缓慢，河道弯曲，多沙洲和浅滩，两岸多牛轭湖和废河道。在伏尔加格勒以下，由于流经半荒漠和荒漠，水分被蒸发，没有支流汇入，流量降低。伏尔加河在河口的三角洲，分成80条汊河注入里海。

地球上的固体水库——冰川

冰川的形成

寒冬的北国，千里冰封，万里雪飘，茫茫的白雪铺天盖地，真是一派壮丽而引人入胜的景象。但在温暖的地方，却很少见到降雪和地面积雪。这是因为如果接近地面的空气温度较高，雪花常常不等落地便在空中融化为水滴。有时落下来的虽是雪花，但由于地面的温度较高，雪花一经落地，便很快在地面融化成水。只有地面和近地面空气的温度有较长一段时间保持在0℃以下，降到地面的雪花才会一层层堆叠起来，形成厚薄不一的地面积雪。

冰　川

　　在我国的大部分地方，每当温暖季节到来，雪盖会消失得无影无踪。这种冬季不融而夏季全部融化的积雪，叫做季节性积雪。在寒冷的高山高纬地区，冬季积雪而夏季也融化不完，这种积雪，称为多年积雪。因此，在某些有高山的地区，出现这样一种有趣的现象：山下烈日如火，山上却雪盖冰封，白雪皑皑。山上山下犹如两个世界，相映成趣。

　　我国西部的高山地区就有这种情况。在晴朗的夏日里，站在草木繁茂的山谷，仰望面前高耸的群峰，常会发现拦腰有一条泾渭分明的界线沿山坡环绕。在这条界线以上是银光闪烁的冰雪世界，界线以下是一片绿草茵茵的山坡。这条界线就是所谓的雪线。

　　雪线是季节性积雪和多年积雪区的界线。在寒冷的山区，隆冬季节，山上山下都被雪覆盖。但随着温暖季节的到来，积雪由山下开始消融，露出大地本来的面目。这样，在显露出来的山坡与冰雪之间，就出现了一条截然分明的界线。随着消融区的扩大，这条界线会不断地向山上推移。如果山体较高，即使在盛夏季节，山上仍会保持着很低的温度。这样冰雪消融的界线在上升的过程中，终究会停留在一个位置上。在这个位置之上，冰雪则常年不融。年深日久，成为千年冰雪，孕育出冰川来。

　　"川"，是江、河的意思。我国的四川省就是由于境内有嘉陵江、金沙江、岷江、沱江4条大河而得名的。冰川，顾名思义，就是冰的河流。它与河流一样，聚集在低洼的地方，沿着固定的路线流动。说起来会使你大吃

冰 川

一惊，只有探险家、登山家和少数旅行家、科学家才会光临的冰川，在地球上的分布面积竟占陆地面积的10%。

你一定会感到奇怪：既然世界上有这么多的冰川，怎么我们很难见到它呢？原来，世界上的冰川，都分布在人迹稀少的高山顶或特别寒冷的地方，人们轻易不到那儿去。比如说珠穆朗玛峰，南极洲，那里的环境非常恶劣，对人类生存造成很大威胁，所以我们大多数人很少光顾。那么，地球上的冰川是怎样由积雪转变成的呢？

雪线以上的区域，从天空中翩翩降落的雪花在凹地里一片片一层层地堆叠起来，形成深厚的积雪，有时从高处山坡上滑坠下来的积雪也堆在上面。凹地的形状一般都像个大盆子，所以称作粒雪盆。粒雪盆是冰川的摇篮。巨大的冰川就是从这里源源不

山腹雪线

断地生长出来。被深厚的雪层压在下面的雪花，显然不能继续保持它原来轻盈而美丽的形态。那么，多年积雪中的雪花首先会发生什么样的变化呢？伸展着6个花瓣的雪花会自动圆化，变成一个个小小的雪球，称为粒雪。变成像白砂糖一样的粒雪，后来经过合并作用，颗粒体积增大，变成像黄豆般大的粗粒雪。粒雪盆，顾名思义，就是盛放粒雪的盆子。由松软的雪花变成粒雪，积雪层中的孔隙会明显地缩小，雪层的密度也明显地增大。但

74

颗粒状的粒雪之间仍有许多连通的孔隙，透水性很强，如果有水渗入，它会像海绵一样，一下子把水"吃"掉。

此时的粒雪向冰川的转化在不同的情况下，有不同的转化方式。如果这种粒雪的上层有大量的融水渗入，然后再冻结，原来粒雪之间的空气就会被排挤出去，重新胶结成一块很少孔隙的冰体。如果积雪层很厚，粒雪盆底部的粒雪经常受着上层粒雪的压力。这种压力使下部的粒雪缓慢地被压实沉降，发生重结晶作用。经过漫长的时间，天长日久，最下层的粒雪逐渐演变为粒雪冰。开始形成的冰体，含有很多气泡，气泡的体积也大，看起来颜色苍白。因此，有人把它叫做白冰。白冰继续受到挤压，能排出一部分气泡，与此同时，残留在冰内的气泡体积也被压缩得很小，慢慢地，逐渐变成接近透明的微带浅蓝色的冰川冰。冰川冰的年龄越老，冰体越显得灿烂清澈。地球上的冰川就这样形成了。

冰川也能流动

冰川，初看起来，似乎纹丝不动。从名字上讲，是冰的河流，它虽然不像江河之水，日行千里，但也不是完全不动，只是移动的速度特别慢罢了。科学工作者对珠穆朗玛峰地区个别大冰川观测发现，最快的每年流动60多米，最慢的几乎不动，难怪人们会产生"冰川不动"的错觉。要是冰川不是经常不断地向下发生塑性流动的话，那么冰川的厚度早就超过珠穆朗玛峰

冰川裂缝

了，目前地球上的最高点，很难知道会出现在哪里。可见，运动是冰川生命活动的动力。但是，冰川毕竟是固体，一般来说，固体的东西是不会自己流动的。那么，冰川的运动是怎样的？

75

观察一下冰川，就会发现它的表面常有许多裂隙，有的深达几十米。它们是在冰川运动过程中受到拉伸形成的。裂隙的存在说明，冰川的表层具有一定的脆性，然而冰川上面的裂隙，一般向下便逐渐闭合了。这说明，冰川的下部似乎是"柔软"的，具有塑性变形的特点。实际上，正是这样，塑性变形的存在是冰川运动的根本原因。

　　为什么下层的冰塑性变形大而上层的冰那么脆呢？原因是这样的：下面的冰层受到上层冰的压力作用融点降低了，当压力达到一定程度，冰川冰晶体就会从周围开始慢慢融化，水晶体之间出现"悬浮"的水，每个冰川冰晶粒被一层液态水薄膜包裹着，就好像一堆涂过润滑油的滚珠，而这些"滚珠"上面是坚硬的冰体。

　　冰川流动起来，有些和水流相似，中间快，两边慢。如果横过冰川插上一排花杆，用不着太久，就会发现，中间的花杆远远跑到前边去了，原来呈直线的花杆变成了向下游凸出的弧线。冰川还会像水流似的，在地形阻塞的地方，出现涡漩。冰层在涡漩的地方看起来非常美丽好看，很像海滩上拾到的贝壳上的花纹。

　　河流在落差大的地方，往往形成瀑布。"冰的河流"也不例外。这就是奇特的冰瀑的来历。这些冰瀑实际上就是陡立的冰崖，有的高达30多米，好似一座奔腾咆哮、直泻而下的瀑布突然之间冻结成了冰块。

　　大冰川在前行的途中，还不断接纳一些汇入的小冰川，这就是冰川的"支流"。世界上著名的大冰川，都是由若干小冰川汇合而成的。冰川汇合的时候，尽管各条支冰川仍旧保持着自己的独立性，但是，冰体经过挤压，变形得非常厉害。本来沿着河谷笔直地流动的主冰川，当它遇到两侧谷口里流出的支冰川时，冰体也会受到严重的歪曲，一会儿扭向这一岸，一会儿扭向那一岸，变成弯弯曲曲像蛇一样蜿蜒的冰流了。在汇合时，冰川上不断发出冰的断裂声，此起彼伏，动人心魄。

　　还有一种特殊的情形，当汇入的小冰川太弱小，不能克服主冰川的阻挡时，支冰川在河谷中无法获得立锥之地，索性爬到主冰川上去，把主冰川表面当作自己的冰床而流动。这种景观在自然界中常有发生，因此，特地给这种情况的冰川起了一个名字，叫双层冰川。

冰川的类型

人们喜欢用冰天雪地来形容冷，一提起冰，自然而然就想到冷。冰川的栖身之处必然是一个严寒的地方。在地球上，不仅两极地区终年披覆着冰雪，而且在许多高山地区，由于地势高亢，气候寒冷，也发育了深厚的冰川。根据冰川形成区的特点和形态，将它分成两大类：大陆冰川和高山冰川。

大陆冰川主要分布在气候寒冷，有一定降雪量的两极或高纬度地区。在那里，地面常年积雪，使高低起伏不平的地表被冰川所覆盖，形成自边缘向中心隆起的盾形冰盖，大陆冰川的中心是积聚区，边缘是消融区。冰川的流动不受下伏地形的制约，而从中心向四周进行。大陆冰川也称大陆冰盖。

山岳冰川

高山冰川也叫山岳冰川。它出现在"高处不胜寒"的高山上，流动于山谷之间。在温带甚至热带的高山上，只要山体超过雪线高度，也能够形成山岳冰川。如非洲赤道附近的乞力马扎罗山和肯尼亚山。不管山下何等炎热，山顶上依然白雪覆盖，冰川四溢。

大陆冰川分布面积最广的是南极洲。这个世界各国共有的南极洲终年酷寒，地面遍地冰雪，成为一片白茫茫的冰盖，号称白色大洲。它是冰川一家头号巨人居住的地方。南极洲冰盖的面积，达1200多平方千米，比整个欧洲的面积还要大。大陆上的高山深谷，都被掩盖在冰雪之下，只有极少数的高峰在冰面上冒一个小尖儿。冰盖的平均厚度超过1700米，最厚的地方达4200米。如果把有名的秦岭主峰太白山移到那里，也要遭到被冰雪掩埋的灭顶之灾。南极洲，堪称世界上最大的天然固体水库。说起这头号

南极冰盖

78

巨人的年龄，也许会使你瞪大眼睛，它已有 4000 万岁的高龄了。

南极冰盖，颇像一个由坚硬的冰做成的巨大的盾牌，中间高，边缘低。冰体从中部向周围边缘缓慢地流动，每年平均流动几米到几十米。在大陆的边缘，冰体常常一直流入大海，后背连着大陆冰盖的主体，前缘则漂浮在海上，形成大面积的陆缘冰。陆缘冰有时在前缘断裂开来，形成峭拔陡立的冰壁，就像刀砍斧剁的一样整齐，称为冰障。掉下去的部分漂浮在海水中，就是刚才我们所说的冰山了。

位于北极附近的白色大岛——格陵兰岛，是冰川一家二号巨人的居住地。格陵兰岛是世界上的第一大岛，由于地处高纬，同南极洲一样，终年被冰雪覆盖，85% 的地面被厚冰覆盖。冰层平均厚度约 1500 米，最厚的地方达到 3400 米。大陆冰川边缘有的笔直地断裂，形成陡峭的冰崖，有的倾泻入海，

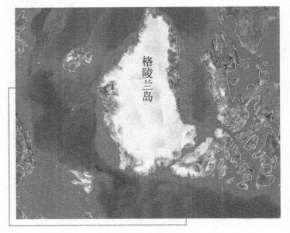

格陵兰岛

形成漂浮在北大西洋上冰山的源地。格陵兰冰川的南缘到达北纬 60 度，成为地球上大陆冰川的最南部分。

地球上除了屈指可数的大陆冰川外，剩下的大大小小的冰川，都属于山岳冰川家族的成员了。山岳冰川家族里，仅有极个别的面积超过上千平方千米的巨人，绝大多数是默默无闻的小侏儒。也许你想知道，冰川一家

大大小小的成员，一共有多少？这个问题，等于在问天空中的星星有多少一样，无法说清楚。

山岳冰川的数量不仅数不胜数，而且由于山地地形极为复杂，山岳冰川的形状不像大陆冰川家族那样单调，它们的面貌可丰富多彩了。下面给大家介绍几种：

山岳冰川中数量最多、个子最小的一类冰川是悬冰川。在山坡地形相对低凹的地方，有许多仿佛古代武士们手里拿着的盾牌似的冰体，悬挂在陡坡上，这类冰体就叫悬冰川。悬冰川也有舌头形状的，还有星星形状的。

数量仅次于悬冰川的一类叫冰斗冰川。冰斗冰川是什么样的呢？让我们先看一下什么是冰斗。高山上接近山顶和分水岭的地方，常常有一些三面环山，好像一张藤椅似的凹地，这种地形一般叫做冰斗。发育在冰斗凹地里，但还没有形成显著冰舌流出凹地的冰川，叫做冰斗冰川。冰斗冰川的面积稍大于悬冰川，但比其他类型的冰川都小。它的形状近似于椭圆形，有时也像三角形。有时，冰斗凹地里流出又长又壮的冰舌，一直伸入到山谷底部，这种冰川叫山谷冰川。山谷冰川还有三种不同的模样，也分别有自己的名字。由一个冰斗流出一条冰舌的山谷冰川，叫做单式山谷冰川；由两个冰斗流出的冰流汇合成一条冰舌的，叫复式山谷冰川；由三个或者三个以上冰斗流出的冰流汇合而成的，形状好像树叉，叫做树枝状山谷冰川。

冰斗冰川

山谷冰川进一步扩大，冰舌奔流出山口，许多冰舌在山前平原地带平

单式山谷冰川

铺展开，连成一片裙子状的冰体，这样的冰川，叫山麓冰川。这种冰川的数量极少。

还有一种平顶冰川，顾名思义，发育在超过雪线高度的比较平坦的山巅上。平顶冰川的数量很少，一般仅占总数的1%左右。

冰川的孩子——海上冰山

在南北极广阔的海面上，经常漂浮着一座座肃穆而壮丽的冰山。在阳光的辉映下，有的洁白如玉，有的嫩绿晶莹，加上蓝天碧海的衬托，显得巍然壮观。

海里的冰山与陆地上的冰川，一个在海洋中，一个在大陆上，怎么会有这么近的亲缘关系？陆地上的冰川冰，是怎么跑到海洋中去的呢？原来，在两极地方，雪线接近或者就在海平面上。大陆冰盖的边缘，常常形成一个个巨大的冰舌伸入大海。这种冰舌的根基毕竟不牢，

海上冰山

而且延伸得越远，越经不住风浪的袭击。当风暴和潮汐来临的时候，海浪就冲刷这些漂浮的冰舌。天长日久，说不定哪一天，它就会随着"卡拉"一声巨响，拦腰断裂，从大陆冰川母体上分离下来，坍入大海，在海面上慢慢漂移，这种冰块就是人们看到的冰山。

还有个别的冰山是从海水里浮上来的。这种情况出现在坡度比较陡的

陆地边缘。冰舌伸向海洋时，不是漂浮在水面上，而是伸入海水中。当冰舌的浮力超过冰川连结力的时候，冰舌被折断，于是就从海水中突然钻出来。

另外，强烈的地震也能使漂浮冰舌断裂而形成冰山。1899 年，阿拉斯加发生大地震，有几条伸入冰川湾港口的冰川，被地震震断了冰舌，因而冰川湾水域出现了许多冰山，港湾被冰山堵塞，直到 1907 年冰山融化完以后，轮船才能进入冰川湾。悠然漂浮的冰山，美丽但又残酷，海船遇到它，是非常危险的。一经出现在海轮的前面，海员们会立即紧张起来，因为轮船与冰川相撞，从而造成船毁人亡的事件，在航海史上是屡见不鲜的。

无形的海洋——地下水

81

地下水的藏身之处

地球上的水是很多的，它不仅分布在地球表面的海洋、湖泊、江河里，同时还以水蒸气和水滴状态飘浮在大气中，还以冰、雪等固体状态分布在高山和两极。此外，还有一些水，它埋藏在人们不易觉察到的地壳中，这就是地下水。

地下河

地下水在我们脚下分布很广。它不仅出现在河网稠密、雨水充沛的地方，也出现在雨水较少的干旱和半干旱的沙漠地区；它不仅出现在广阔的平原地带，也出现在峰峦峭拔的山区；它不仅存在于靠近地面的地层中，在地下 13～14 千米的深处也有它的踪迹。有人经过粗略估计后，认为地下水的体积约为地表上海洋体积的 1/3，大约相当于大西洋的体积，从这个意义上讲，地下水类似于地表上的一个大洋。然而，我们脚下是踏踏实实的大地，怎么能装得下这么多的水？它究竟藏身于何处？

为了回答这些问题，让我们先来做一个简单的实验：拿一个杯子，在杯子里装满砂子，并捣结实，直到一点也装不下去了。可是，自然界还有一种最普通的物质——水，水还能被这个盛满砂子的杯子所容纳，信不信自己亲自试一试。另外一个有水的杯子，慢慢向有砂子的杯子中注入水，看一下，要使砂子全部浸湿耗费了多少水量？有人已试验过，竟能倒入装砂杯子的容积的1/3的水。原来砂粒与砂粒之间有无数的空隙，这些空隙就是地下水的"藏身之地"。

实验中的这种情况是地下水的家的一种，实际上，地下水的家还有其他的形式。

首先看一下地球的最表面——土壤。土壤中含有很多空隙：这些空隙为水的存在提供了空间。每当下雨的时候，雨水便钻到这些空隙中去，直到土壤中再也没有其他存身的地方了，才不情愿地形成水流流走。植物生存需要的水分都是从土壤中吸取的。说土壤有空间为水提供栖身之处。大家可能感到容易理解一些，但是，地下主要是由各种各样坚硬或者松软的岩石组成的。这些岩石也具有这样的空隙吗？答案是肯定的。

松散岩石颗粒之间还有胶结的空隙，我们称为孔隙。沉积岩一般都具有大大小小的孔隙，而且它们在地下常常成层分布。对于那些坚硬而且又致密的岩石，它们没有孔隙，或者有很少的孔隙，但是它们往往具有一些大小不同的裂隙。这些裂隙并不是在岩石形成时同时生成的，而是后来由于风、温度变化等的作用或者由于相互挤压发生破碎时形成的。如果这些裂隙还没有被其他东西充填，就成为储存水的良好场所。

还有一种叫石灰岩的岩石，它的主要成分是碳酸钙，它们是怎样留住水的呢？原来，水沿着岩石的细小裂隙不断流动，把碳酸钙变成碳酸氢钙，并使其溶解于水，这一来，裂隙越来越大，这时的裂隙，我们给它一个新的名字叫溶隙。溶隙不是就不变了的，它还会进一步扩大，形成宽大的溶洞，溶洞常常相互连接，形成地下河。

现在已经明白了这样一个事实：岩体和土体都具有空隙，都可以盛水，那么是否任何岩体与土体都可以成为含水层呢？不是的。有些岩层含的空隙很少，几乎没有容纳水的空间，更不可能让水自由通过；又有一些岩层，空隙可能很多，但空隙的规模太小，虽然可以容纳一定的水，但不允许水自由通过；当然，还有些岩层，不仅具有很多空隙，而且空隙很大，彼此之间联通，不仅可容纳较多的水，而且允许水流自由通过。由此看来，并非任何岩层和土体都可能成为含水层的。到底什么样的岩层才是含水层？

石钟乳

先了解一下什么是岩层的透水性和隔水性。透水性是指岩层允许重力水自由渗透的性能。隔水层则相反，是指岩土体不允许重力水自由渗透的性能。岩层的透水性与岩石中的孔隙大小、多少等因素有关，但是更重要的是取决于空隙的大小及其连通性的好坏。有人已通过实验得出这样一个结论：黏土层含有 45% ~ 60% 的孔隙，砂砾含有 25% ~ 40% 的孔隙。让我们在此基础上做一个实验：取一盆水倒在砂土层上，水很快就渗下去了，再取同样一盆水倒在黏土层上，水却停积在黏土层表面。这说明了什么呢？

就实验本身而言，砂土层和黏土层的透水性是不同的。含孔隙多的黏土层的透水性反而次于空隙少、规模大的砂砾层。为什么会是这样呢？这是因为水向岩层中渗透，主要是沿着较大的孔隙进行，砂土层里砂子与砂子之间保留了又多又大的孔隙，所以水很容易从中间向下渗透，而黏土层是由很多细小的黏土颗粒组成的，虽然其中也包含了很多的孔隙，但孔隙非常细小，彼此连在一起，形成了微细的毛细管，当水进入其中时，就被紧紧吸住，所以很难向下渗透。很明显，隔水层是不能成为含水层的，只

83

有透水层才有可能是含水层。但是，透水层不等于是含水层，透水层要成为含水层还需要具备一定的条件，那就是其下部发育有隔水层。只有这样，才能保证流入透水层中的水滞留于其中。

常见的岩层中，透水性最好的是卵石、砾石、砂和有裂隙的岩石，其次是黄土、亚黏土和一些多孔性的砂岩、石灰岩。黏土和密实的无裂隙的岩石，透水性很小或者不透水。

地下水来自何方

地下水虽然埋藏在地下，但它却不是孤立的。它和大气水、地表水都有着亲密的关系。所有的大气水、地表水、地下水在自然界中都无休止地运动着、相互转化着。这个过程，我们前面已经说过，叫做水循环。地下水也参与了这一过程，扮演了一个重要的角色。

雨水降落到地面以后，大致有三种归宿：一部分被重新蒸发，回到空中；一部分回到内陆湖泊或者顺着地面流动，汇集到江河里，最后流入海洋；还有一部分通过岩层的空隙和溶洞，渗透到地下，形成地下水。而地下水又往往通过泉眼涌出地面，或者在地下流入河流、湖泊或海洋，或者被人们开采出来，又成为地表水。

雨水能够渗透到地下去，这一事实对我们每个人来说，是很容易理解的。一场大雨过后，地面上有很多地方积了雨水，但是过一会儿，这些水又慢慢消失了。它的一部分就是渗入地下，成为地下水了。

但是水由地表向地下前进却是一个艰苦的历程。水滴刚刚进入地下，就被那些躺在路上的黏土、粉砂等小粒子拦住了。这些小粒子就抓住一些水分子不放，强行把它们结合在自己的周围，成为"吸着水"。幸好，被这样强行结合的水不算太多。摆脱了土壤、沙石等粒子的捕捉，水滴就继续向前赶路了。有的时候，遇到了急于为自己的茎、叶和果实寻找养料的植物根须，一部分水就会被根毛上的无数微型"水泵"抽进毛细管中，成为植物体内携带养分的搬运工。

当水滴继续前进时，土壤、岩石中的毛细孔在表面张力的支持下，也抓去一部分水。一直到毛细孔满足后，才给过路的水滴开绿灯。这并不是说，水滴在以后的旅行中就不会遇到别的什么麻烦了。有的矿物由于某种原因失去了自己的结晶水，当水滴路过它们时，就强行同水分子结合。前进途中的一个讨厌的敌人是空气，它无孔不入，几乎到处都可以碰见，不把空气赶走，水滴就没有容身之地。所以，水每向下渗透一步，就要付出相当大的气力与空气争夺地盘。

水滴就这样不停地向地下深处挺进，最后，到达不透水的地层才停止前进。最后越聚越多，就形成了人们所说的地下水。

雨水形成地下水，这是地下水的主要来源，但不是唯一的来源。有的地区，如沙漠地区，很少降雨，有的地方几乎一年到头不下雨。但是，人们却发现，在沙漠中也往往能找到地下水，有时还相当丰富。为了揭开这个谜，许多人曾进入沙漠实地观测，做各种各样的试验。原来，空气中的水蒸气，夜间降温时在砂土中可以直接凝结水珠，许多水珠聚譬起来，形成地下水。这种由水汽凝结的水是沙漠地区地下水的重要水源之一。

此外，还有一部分地下水，是直接由岩浆中分离出来的气体化合而成的。实际上，某一地区的地下水不仅仅有一种来源，在多数情况下，同时有两种来源或者三种来源都对它有贡献，只不过，有的占的比例大，有的占的比例小。

地下水的类型

由于地下水所处的环境不同，它们的性格有很大差异。通常根据它们的周围环境及性格的不同把它们分为三类：土壤水、潜水和承压水。

土壤水主要是以悬持毛细管水状态埋藏在地表附近的土壤层中，它与降水、气温等因素的关系极其密切，其含水量和水温有很强烈的季节性变化。农作物的生长好坏与它有密切的关系。常言道："有收无收在于水，多收少收在于肥"，所以农学家对它特别感兴趣。从地面向下渗透的水，在渗透流动的过程中，如果遇到了隔水层把它前进的道路给截住，它就聚集在这个隔水层之上。这种埋藏于第一个隔水层上的地下水，叫做潜水。我们通常所遇到的水，多半就是潜水。潜水和地表水一样，也有一个水面，称作潜水面。不过它不像地表水面那样平，常常随着地形起伏而变化，地形高起的地方，潜水面凸起；地势低洼的地方，潜水面凹入。潜水面的高度不是固定不变的，在一年四季中是经常波动的。

潜水的主要补给来源是大气降水。由于潜水面之上通常没有隔水层存在，因此，在潜水的分布区内，降水几乎都可以通过地表不断下渗，一直渗到潜水层中，使潜水水位增高。但大气降水补给潜水的数量与覆盖在它上面的岩层的透水性、地面坡度、植被的密度、降水的强度和时间有关。不难想象，如果地形较陡、植被稀疏，或者降的又是暴雨，这样的话，雨水很快从地面流走，对潜水的补给量就不会太多。相反地，如果地形平缓，植被稠密，降的又是长时间的绵绵细雨，则有利于降水的入渗和潜水的补给。

除了大气降水，在河流、湖泊、水库等陆地水与潜水有联系的地段，也发生相互补给的关系。当它们的水位高于潜水水面时，陆地水就向潜水含水层渗透，成为潜水的一种补给来源。这种补给的季节常发生在雨季和洪水期间，这时，大量地表水汇入河、湖中，使得河、湖的水位升高。俗话说，"水往低处流"，河、湖中的水就会不断地向两岸的地下渗透过去，补充那里的潜水。还有一些特殊情况，即使在枯水的季节，也发生河水补给潜水的现象。这通常在一些含沙量大的河流下游沿岸地带，河床往往高于两岸地面，任何时候河水的水位都高于潜水的水位。

在干旱季节里，常常是潜水补给地下水。因为降水量减少或者长时间几乎没有降水，河流中的水量逐渐减少，水位慢慢下降，当低于河两岸的潜水位时，就会得到潜水的补给，这种潜水补给其他水体的现象，叫做潜水的排泄。

潜水在地下也是不断流动的，但它不能像江河水那样一泻千里，它有许多障碍，要通过松散沉积物中的大小空隙，所以流起来不很畅快，速度很慢，它的速度常以每天甚至一昼夜来计算。如果遇到坡坎，常常流出地面，成为泉水，这也是潜水排泄的一种方式。

潜水是仅次于土壤水的距地表最近的地下水，开发起来比较容易，常常是农业生产和生活用水的重要源泉。一般乡间常见的民井大口井，多是开挖于潜水含水层中的。在挖到第一隔水层后，穿透隔水层，再遇到含水层时，这时含水层中的水称为层间水，即层间水是指埋藏于两个隔水层之间的水。这种含水层的上、下边界都是隔水层，含水层本身不能普遍地与大气直接相连通。层间水。由于具有不透水的顶板由地表下渗的水不能直接补给，它主要靠侧面流来

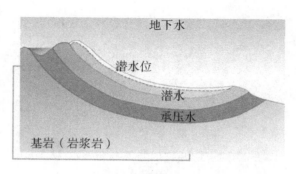

潜水与承压水

的水补给，这是层间水与潜水的一个重要区别。

层间水又分为层间无压水和层间承压水两种。顾名思义，层间无压水多半是局部地充填在透水层中，而没有完全被水充满，具有自由的水面，这一点与前面提到的潜水相似。层间承压水是指水充满了两个不透水层之间的全部透水层，并对隔水层具有一定的压力，好像水管中流动的水。如果水管漏了洞，水就会从管子中喷出来，当钻孔打到这一层的时候，水便在水压力作用下，上升到含水层的顶板上，有时甚至喷出地面，因此也叫做自流水。

开采地下水的主要方式——井

地下水广泛分布在各个地区。我们的祖先很早就凿井开采地下水，以用来灌溉农田和作为饮用水。3000多年前，我国劳动人民在他们的诗歌里就已经有了"凿井而饮"的诗句。无论是古代还是现代，井都是开采地下水的主要方式。井的种类很多，根据它的结构，有筒井和管井之分。

筒井也叫大口井，它的口径比较大，有时能达到2米以上，筒井大多数是圆形的，并且"口小肚大"，但井的深度一般并不大。带水是由距地面较近的潜水含水层补给的。大家知道，潜水的上面没有不透水的隔板覆盖，它是地面上的水直接下渗形成的，所以这样的井水中含有很多的微生物，是不洁净的，而且筒井的水量与季节变化很有关系，一到天气干旱的时候，井水面也会下降，有时甚至干枯。

87

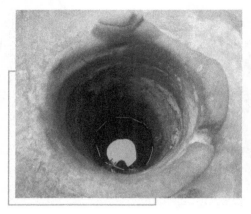

古 井

管井呢，是用钻机打出来的井，所以也叫机井。机井的口径与筒井的口径相比，要小得多，而深度一般都比较大。井水来源于封闭在两个不透水层之间的层间水。由于上面有不透水隔板存在，阻挡了上面污水的渗入，它的水质清洁，水量丰富，而且变化不大。

在干旱和半干旱地区，地表水非常缺少，利用井开采地下水显示出更重要的地位。在荒凉寂寞的沙漠上，有了井，就有了水，原来的面貌就会改变，出现牧草青青、牛羊成群的绿洲。我国的西北地区，气候干燥，降雨稀少。有的地方，如吐鲁番盆地，整个夏天也不降一个雨滴。可是哈密的西瓜、吐鲁番的葡萄，却是驰名中外，这是怎么回事呢？原来当地的人民根据那里的特殊环境创造了一种地下水的特殊的井，叫"坎儿井"。

吐鲁番盆地的降水很少，但是在它周围的高山地方，雨雪还是很多的。所以高山顶上经常覆盖着厚厚的白雪。每到春夏季节，白雪融化成水，沿着山坡往下流。这种雪水流到山脚的时候，大部分渗透到地下，成为地下水。人们就是沿着山坡开凿了一道坎儿井，巧妙地把躲在山脚下面的水引到地面上来给人们使用的。

坎儿井是由许多立井和贯穿立井间的暗沟组成的。立井又叫工作井，是和地面垂直的井道，是用来出土和通风的。暗沟是在地下掏挖的沟道，是主要的输水通道，通过它可以把地下水引向农田用来灌溉。

在开凿坎儿井时，首先在山坡上选择适当地点，凿一个立井，遇到地下水后，就顺着地下水的流向，每隔30～50米开凿一个立井，然后把井的底部挖通，凿成高2米、宽约1米的暗沟。一直到暗沟内的水流出平地以后，再开明渠，把水引到明渠灌溉。当坎儿井挖好后，在坎儿井立井的井口上常堆上石块或铺上柴草，是为了防止井水蒸发和风沙进入水井，从而减少井中水的损失和保持暗沟的畅通。

由于坎儿井是顺着倾斜的山坡开凿的，因此，立井越往上游越深，越往下游越浅。坎儿井的水源主要是高山积雪融化，积雪融化在不同的季节有显著的变化，坎儿井的水量大小也与季节有很大关系。在夏季，融化量要多于其他季节，坎儿井水量丰富，而此时正是农作物急需大量水分的时候，所以更显示出了坎儿井的威力。我国第一道著名的这种构造的井，是在公元前1世纪，在陕西大荔一带开凿的，当时取的名字叫"龙首渠"。

坎儿井

89

泉

泉，人们并不陌生，许多园林风光、美景佳色都少不了它的点缀。大家去公园时，常见有各种各样的喷泉，有的从龙口中喷出，似真龙吐水；有的却极其普通，一股纤细的水流，冲向天空，然后分散开来，一串串，一滴滴，向周围溅落，给人以清新舒畅的感受，而且也给周围的景色增添了生机和灵性。那里的喷泉大部分是人工喷泉，自然界中的天然喷泉与人工喷泉相比，更具有神奇的魅力和独特的韵味。自古以来，多少人赞美它，诗人为之讴歌，游人为之流连忘返。

泉的形成，主要决定于地质条件。地下水昼夜不停地在有孔隙的岩层里流动，当这个透水层的下面是坚硬的不透水层，它们的接触面正好遇到了地面时，或者当这个饱含地下水的含水层被外来的不透水岩层所阻挡时，地下水不能再向前流，于是就沿着它们的接触面涌出地表，形成了泉，这样的泉叫做接触泉。这只是各种泉中的一种形式。另外一种情况是某一含水层由于地壳运动，发生了错动，原来倾斜的含水层不再连通，而被不透水层所阻挡，地下水不能再沿着原来的路线向低处流去，不得不顺着断层

自然喷泉

溢出地表，这就是断层泉。还有一种泉水是顺着岩石的裂隙流到地面上来的，人们称它为裂隙泉。

以上根据泉的形成原因进行分类，可分为：接触泉、断层泉、裂隙泉三大类。由于各地地理条件的千差万别，自然界中的泉水也有各自的"性格"和"脾气"。我国地质条件复杂，几乎到处都有泉，其中以水质好、水量大等原因而闻名于世的名泉，也有几十处之多。

最常见的是淡水泉，这种泉的泉水清澈透明，杂质极少，水质极优。我国济南市自古号称为泉都，是一个以泉水出名的地方，现在享有"泉城"的美称。曾有著名诗句"家家泉水，户户垂杨"，描写的就是济南的美丽景色。传说济南有72泉，其实何止此数！在济南的许多泉中，最有名的是趵突泉，围绕它有大大小小34个泉，是济南的四大泉群之一。除了趵突泉，还有珍珠泉、黑虎泉、金钱泉等等。

济南这么多清泉，来自何处呢？地质学家们经过调查研究认为，济南泉水来自于千佛山。千佛山是济南城南的一座石灰岩构成的山体。这些石灰岩岩层大致都向北倾斜，所以千佛山的地下水也就沿着石灰岩的裂隙由南向北流动，然后涌出地表，形成众多的泉水。另外，在石灰岩中和它的下面，还有许多不透水的侵入岩体，起了阻挡地下水流的作用。同时，千佛山一带有许多石灰岩洞穴，如佛峪、龙洞等，在地面以下也有若干石灰岩洞穴存在，这洞穴起了"蓄水池"的作用，使泉水终年不断地流出，保持水量均衡。著名的泉还有北京玉泉山的"天下第一泉"、杭州的虎跑泉、无锡的惠山泉等等。北京玉泉山的泉水出自山间石隙，艳阳照耀，水卷银花，宛如玉虹。明代以前就以"玉泉垂虹"之名，列为"燕京八景"之一。

自然界中还有很多很多奇妙的泉水。在美国怀俄明州黄石公园里，有个闻名世界的"老实泉"，它喷出来的水能达到 60 米高，大约有 27 层楼那么高。它获得这一美称的原因是它每隔 60 多分钟喷一次，每次喷溢 4 分半钟，从不偷懒误时。现在"老实泉"已有规律地喷发了 400 多年。

我国四川省广元县陈家乡，有一股含羞泉，从岩缝里流出，如碗口粗，泉水清澈。如果捡一块石头往河床上一砸，泉水便立即发出"咯咯咯"的声音，好像一位害羞的姑娘遇到陌生人一样，就藏了起来。大约15 分钟过后，先是洞口发出"咯咯咯"的响声，接着泉水又慢慢流出来了，渐渐地恢复原状。原来，这是一种毛细管现象。毛细管有一种自然的引力，能将距地面很近的潜水吸引上来。地下水面上的土壤，岩石中的细小孔隙就好像是毛细管一样，具有很强的吸引力，加上地下水本身也有一种压力，水就会从孔隙中溢出来。如果地下水上面的这种具有毛细管性质的细小孔隙很多，就会形成毛细管水带，汇成一股细流。当它受到外界的声响震动时，振动产生的压力作用于孔隙中的水，水就会被压了回去时，还会产生一种回引力，就像用钢笔的橡胶管吸一滴墨水一样，把河床上的水吸了回去。

泉的成因是多种多样的，它的水温也千差万别。有的泉水经常热气腾腾，沸水不竭；有的喷泉喷出很高很高的热水水柱，并夹有大量的蒸汽，伴随着刺耳的啸声，景色和场面十分壮观。

温 泉

我们日常生活中常提到温水、热水，通常把水温高于 20℃而低于 42℃的水，叫做温水；把温度高于 42℃而低于 100℃的水，叫做热水；把温度高于 100℃的水，叫做过热水。对于泉水呢，只要泉水温度高于当地年平均气温，就是温泉。在我们国家，华北地区水温超过

15℃，就是温泉；华南地区水温超过 25℃ 的泉，称为温泉；泉水温度如果超过 50℃，那就叫做高温温泉了。

泉水一般是无色、无味、清凉可口的，但在有些情况下会是热的。关于地下水的成因问题，过去人们一直认为，地下热水的主要来源是由岩浆起源的，这就是所谓的"原生说"。近些年来，人们通过分析大量的实际观测资料，认为大气降水是地下热水的主要来源。大气降水进入地下以后，怎么有的变热，有的不变热呢？这要从地球的构造说起。

地球从表层到深处，温度是不断变化的。地球的表层接收太阳的辐射，温度与气温有很大关系。再向下到达一定的深度，太阳的热量已不能影响地温的变化，地温终年不变，这一层我们叫做"常温层"。再往下，由于地球内部的热的作用，地温又逐渐升高。

根据全球的探测资料，对绝大部分地区来说，深度每增加 100 米，地温升高 2℃ ~ 5℃。但是在不同地区，这种变化的幅度是不一样的。大气降水渗入地下后，由于埋藏条件的不同，出现温度上的差异。有的地下水储存在温度较高的地方或者循环到地壳深处流经地温高的地方，慢慢地，水温渐渐升高，有的则不是这样，所以有的地方出现温泉，有的地方却没有。大部分的地下热水都是现代大气降水经过地壳内部的深循环后加温形成的。

温泉还有另一种成因，是在火山附近，受到岩浆活动的影响而生成的。火山活动地区，炽热的岩浆本身也含有大量水汽，这些水汽的压力很大，如果遇到岩层中的裂隙就乘机上升，当周围的温度下降到一定程度，就凝结成水，这种水聚集起来，沿着地层中的裂缝上升露出地表，就成为温泉。这就是地下热水起源的"原生说"。自然界中，这部分"原生水"的数量是很有限的。另外，炽热的岩浆在流动时，它所散发出来的热量，也能够使附近地层中的水分温度上升，这也是部分温泉的形成原因。

温泉在我国的分布是很广的，其中云南省是我国温泉最多的省份。东南沿海的广东省、福建省、台湾地区也是温泉密集的地区，东北地区的温泉也比较多。即使在我国西部号称"世界屋脊"的青藏高原上，也有不少温泉。在这样高寒的山区，山上是银白的冰雪，山下竟是热气腾腾的清泉，两者相邻，形成鲜明的对照。当喷发剧烈时，地下发出隆隆的响声，灼热的泉水喷向高空，水沫飞溅，在空中化为五颜六色的水花，真是一种独特的自然奇观。

温泉在我国广泛分布，但并不是杂乱无章的，它主要分布在地壳活动比较强烈的地区。由于地壳活动，岩层断裂较多，为泉水的出露开辟了道路，便于地下热水涌出成为温泉。

我国温泉中著名的有骊山温泉、黄山温泉、星子温泉和安宁温泉。但是，在一些地区，受地质条件的限制，大部分地下热水深深地埋藏在地下，没有机会和大家见面。但地下热水是一种可贵的资源，仅仅限于利用地下热水的天然露头——温泉还是很不够的，必须采取一些方法，使其物尽其用，充分发挥地下水的潜能。

一般常见的方法是钻孔。把水引到地面，这就是热水井。虽然地下热水分布很普遍，但热水井的位置并不是选在具备热水贮存条件的地方都可以，人们总是首先考虑地下热水埋藏较浅、温度较高的地区。这样的地区常称为"地热区"或"热异常区"。

在当前世界上能源日益紧张的情况下，人们越来越重视地热的开发利用。亿万年来沉睡在地下的热水资源，现在已被人类大规模地开采利用，并在越来越多的方面发挥其独特的作用。

我国在北京、天津、河北平原和西藏羊八井等地，都已开凿了一些热水井。值得一提的是西藏羊八井的地热田，它位于拉萨西北 90 千米处，那里周围的山峰，终年冰封雪盖，但在盆地中却终年热气腾腾，地热资源极其丰富。自 1974 年起，地质工作者对这里进行了广泛的调查之后，钻出了一批批热水井。

热水资源的最重要用途是发电。地热发电，最早在 1904 年由意大利开始。世界上第一座热发电站也是 1913 年由这个国家建成。热水资源的第二大用途是发热。在这一方面，最为突出的是地处北欧寒冷气候下的冰岛，它的首都 10 家有 9 家利用地热取暖。

水的驿站——湖泊

湖泊的定义

湖泊是陆地上洼地积水形成的、水域比较宽广、换流缓慢的水体。

在地壳构造运动、冰川作用、河流冲淤等地质作用下，地表形成许多凹地，积水成湖。露天采矿场凹地积水和拦河筑坝形成的水库也属湖泊之列，称人工湖。湖泊因其换流异常缓慢而不同于河流，又因与大洋不发生直接联系而不同于海。在流域自然地理条件影响下，湖

雪山湖泊

泊的湖盆、湖水和水中物质相互作用，相互制约，使湖泊不断演变。湖泊称呼不一，多用方言称谓。中国习惯用的陂、泽、池、海、泡、荡、淀、泊、错和诺尔等都是湖泊之别称。

内陆盆地中缓慢流动或不流动的水体，严格区分湖泊、池塘、沼泽、河流以及其他非海洋水体的定义还没有完全建立起来，然而，一般可以认为，河流运动比较快；沼泽内生长着大量的草、树或灌木；池塘比湖泊小。按照地质学定义，湖泊是暂时性水体。在全球水文循环过程中，淡水湖作用极小，其水量仅占全球总水量的 0.009%，尚不足陆地上淡水总量的 0.0075%。然而，淡水湖 98% 以上的水量是可供利用的。全球湖泊淡水总量为 125000 立方千米，大约 4/5 的淡水储存在 40 个大湖中。尽管湖泊遍布全世界，但北美洲、非洲和亚洲大陆的湖泊水量就占世界湖水总量的 70%，而其余的大陆湖泊较少。

湖泊的成因

研究湖泊的科学是湖沼学，湖沼学家常根据湖盆形成过程来对湖泊和湖盆进行分类（湖盆指蓄纳湖水的地表洼地）。特别大的湖盆是由构造作用即地壳运动形成的，晚中新世广阔而和缓的地壳运动导致横跨南亚和东南欧广大内陆海的分离，现在残存的内陆水体有里海、咸海以及为数众多的小湖泊。构造上升可使陆地上天然水系受阻而形成湖盆，南澳大利亚的大盆地、中非的某些湖泊以及美国北部的山普伦湖都是这种作用的产物。此外，断层也对湖盆的形成起着重要的作用，世界上最深的两个湖泊贝加尔湖和坦干伊喀湖的湖盆就是由地堑的复合体形成的。这两个湖泊以及其他的地堑湖，特别是在东非裂谷里的那些湖泊和红海都是近代湖泊中最古老的。火山活动可以形成各种类型的湖盆，主要类型为位于现存的火山口或其残迹中的火口湖。俄勒冈的火口湖就是典型的例子。

湖盆还可由山崩物质堵塞河谷而形成，但这种湖盆可能是暂时性的。冰川作用可以形成大量的湖泊，北半球的许多湖泊就是这种作用形成的，湖盆为冰盖退缩过程中的机械磨蚀作用所形成，或由于冰盖边界处冰体堰塞而成。冰碛对堰塞湖盆的形成起着重要的作用，纽约州的芬格湖群就是终碛堰塞而成。河流作用有几种方式可以形成湖盆，最重要的有瀑布作用，支流沉积物的阻塞，河流三角洲的沉积作用，上游沉积物由于潮汐搬运作用而阻塞，河道外形的改变（即牛轭湖和天然堤湖）以及地下水的溶蚀作用所形成的湖泊。有些沿海地区，沿岸海流可以堆积大量的沉积物阻塞河流。此外，风、运动活动和陨石都可能形成湖盆。

湖泊沉积物主要是由碎屑物质（黏土、淤泥和砂粒）、有机物碎屑、化学沉淀或是这些物质的混合物所组成。每一种沉积物的相对数量取决于流域的自然条件、气候以及湖泊的相对年龄。湖泊中主要的化学沉积物有钙、钠、碳酸镁、白云石、石膏、石盐以及硫酸盐类。含有高浓度硫酸钠的湖泊称为苦湖，含有碳酸钠的湖泊称为碱湖。

由于不同湖盆侵蚀产物的化学性质不同，因此，世界上湖泊的化学成分也是千变万化的，但在大多数情况下，主要成分却是相似的。湖泊含盐量系指湖水中离子总的浓度，通常含盐量是根据钠、钾、镁、钙、碳酸盐、矽酸盐以及卤化物的浓度来计算。内陆海有很高的含盐量。犹他州大盐湖含盐量大约为 20 万毫克/升。

湖水最大密度的温度是随深度变化的，大多数湖水最大密度温度接近于 4℃，而在接近 0℃ 时形成冰，当湖泊随着表面冷却降到 4℃ 时，垂直混合发生。如果密度随深度增加，则湖泊被认为是稳定的；如果密度随深度减小，则表明湖泊存在着不稳定的条件。由于冷却和增温过程，表面水层密度增加，使水团下沉，引起混合，这一现象称为湖水循环或湖水对流。湖泊热量估算包括以下几个主要因素：净射入的太阳辐射，由湖泊表面和大气散射的长波辐射的净交换，表面分界面上可感热的输送和潜热过程，以及通过河川径流、降水、地下水流入和流出的热量，地热的传导和动能的消耗。

湖水运动的力

引起湖水运动的力主要有：风力、水力梯度及造成水平或垂直密度梯度引起的力。湖面风将能量传给湖水，引起湖水运动。由水流进出湖泊而引起水力效应。湖水内部压力梯度及由水温、含沙量或溶解质浓度变化造成的密度梯度都能引起湖水运动。

湖流是各种力相互作用的结果，但在许多情况下少数特定的力起着支配作用。当没有水平压力梯度、没有摩擦时，水平流受地转偏向力影响，北半球将偏向右。在压力梯度起支配作用时，则这种力与地转偏向力相结合形成所谓的转流。这种情况只出现在很大的湖泊中。由于风力作用或气压梯度使水面倾斜而产生梯度流。由风力引起的湖流最为普遍。在大的深水湖中，理论上表面流流向将沿着风向右偏 45 度，及到深层，流速逐渐减弱，且进一步向右偏。在风力影响不能到达的深度以下，水流的方向与风向相反。对于中纬度大而深的湖泊这种深度约为 100 米。兰米尔环流是风在水面引起的一种小型环流现象，刮风时，可以观察到水面上产生许多平行波纹，而且可以延续到相当远的距离，在波纹处出现相对下沉，波纹之间则相对上升，这种环流现象也可以由湖内热力混合下沉而造成。

湖中波浪多是由湖面风引起的。风吹到平静的湖面上，首先使广阔的湖面产生波动和波纹，形成比较有规则、范围较小且向同一方向扩展的表面张力波。波高的增加与风速、作用持续时间及吹程呈函数关系。然而即使在最大的湖泊中，也不会出现海洋中的波涛现象。湖面波浪沿着风向且与波浪顶峰垂直方向传播，若波长超过水深的 4 倍，波速近似等于水深与重力加速度乘积的平方根；若水深较大时，波速与波长的平方根成正比。

由于持久的风力和气压梯度造成湖面倾斜，当外力作用停止时将引起湖水流动，使湖面复原。这一过程称静振。基本的静振为单节的，但如发生谐波，则亦可能是多节的。如风沿狭长的湖泊长轴劲吹，则多出现纵向静振，而横穿狭窄湖面则多出现横向静振。湖泊内部静振是由热力分层现象引起的。

湖泊的分类

湖泊主要通过入湖河川径流、湖面降水和地下水而获得水量。湖泊按流通分可分为：不流通湖（无地表或地下出口）和流通湖（有地表或地下出口）两种。不流通湖湖水耗于蒸发而导致湖水含盐量增加，流通湖湖水通过地表或地下径流流走，湖水量收支的净差额，随入流量和出流量的周期性或非周期性的变化而变化，这种差额引起了湖水位的变化。湖水位通常在雨季或稍后上升，蒸发旺季下降。以冰川融水为主要补给的湖泊，水位的变化既与热季又与雨季相应。

按其成因可分为以下 8 类：

（1）构造湖：是在地壳内力作用形成的构造盆地上经储水而形成的湖泊。其特点是湖形狭长、水深而清澈，如云南高原上的滇池、洱海和抚仙湖，青海湖、新疆喀纳斯湖等（再如著名的东非大裂谷沿线的马拉维湖、坦噶尼喀湖、维多利亚湖）。构造湖一般具有十分鲜明的形态特征，即湖岸陡峭且沿构造线发育，湖水一般都很深。同时，还经常出现一串依构造线排列的构造湖群。

（2）火山口湖：系火山喷火口休眠以后积水而成，其形状是圆形或椭圆形，湖岸陡峭，湖水深不可测，如白头山天池深达 373 米，为我国第一深

火山口湖

水湖泊。

（3）堰塞湖：由火山喷出的岩浆、地震引起的山崩和冰川与泥石流引起的滑坡体等壅塞河床，截断水流出口，其上部河段积水成湖，如五大连池、镜泊湖等。

（4）岩溶湖：是由碳酸盐类地层经流水的长期溶蚀而形成岩溶洼地、岩溶漏斗或落水洞等被堵塞，经汇水而形成的湖泊，如贵州省威宁县的草海。威宁城郊建有观海楼，登楼眺望，只见湖中碧波万顷，秀色迷人；湖心岛上翠阁玲珑，花木扶疏，有水上公园之称。

（5）冰川湖：是由冰川挖蚀形成的坑洼和冰碛物堵塞冰川槽谷积水而成的湖泊。如新疆阜康天池，又称瑶池，相传是王母娘娘沐浴的地方。还有北美五大湖、芬兰、瑞典的许多湖泊等。

（6）风成湖：沙漠中低于潜水面的丘间洼地，经其四周沙丘渗流汇集而成的湖泊，如敦煌附近的月牙湖，四周被沙山环绕，水面酷似一弯新月，湖水清澈如翡翠。

（7）河成湖：由于河流摆动和改道而形成的湖泊。它又可分为三类：一是由于河流摆动，其天然堤堵塞支流而潴水成湖。如鄱阳湖、洞庭湖、江汉湖群（云梦泽一带）、

堰塞湖

太湖等。二是由于河流本身被外来泥沙壅塞，水流宣泄不畅，潴水成湖。如苏鲁边境的南四湖等。三是河流截湾取直后废弃的河段形成牛轭湖。如内蒙古的乌梁素海。

（8）海成湖：由于泥沙沉积使得部分海湾与海洋分割而成，通常称作潟（xì）

月牙湖

湖，如里海、杭州西湖、宁波的东钱湖。约在数千年以前，西湖还是一片浅海海湾，以后由于海潮和钱塘江挟带的泥沙不断在湾口附近沉积，使湾内海水与海洋完全分离，海水经逐渐淡化才形成今日的西湖。潟湖是一种因为海湾被沙洲所封闭而演变成的湖泊，所以一般都在海边。这些湖本来都是海湾，后来在海湾的出海口处由于泥沙沉积，使出海口形成了沙洲，继而将海湾与海洋分隔，因而成为湖泊。"潟"这个字少见于现代汉语，是卤咸地之意，由于较常见於日语，不少人以为是和制汉字，其实不然。由于很多人不懂得"潟"这个字，所以经常都把它写错成为了"泻湖"。

湖水含盐量是衡量湖泊类型的重要标志，通常把含盐量或矿化度达到或超过50克/升的湖水，称为卤水或者盐水，有的也叫矿化水。卤水的含盐量，已经接近或达到饱和状态，甚至出现了自析盐类矿物的结晶或者直接形成了盐类矿物的沉积。所以，把湖水含盐量50克/升作为划分盐湖或卤水湖的下限标准。依据湖水含盐量或矿化度的多少，将湖泊划分为6种类型，各种类型湖泊的划分原则如下：

（1）淡水湖：湖水矿化度小于或等于1克/升；

（2）微（半）咸水湖：湖水矿化度大于1克/升，小于35克/升；

（3）咸水湖：湖水矿化度大于或等于1克/升，小于50克/升；

（4）盐湖或卤水湖：湖水矿化度等于或大于50克/升；

（5）干盐湖：没有湖表卤水，而有湖表盐类沉积的湖泊，湖表往往形成坚硬的盐壳；

（6）砂下湖：湖表面被砂或黏土粉砂覆盖的盐湖。

各种湖泊的"身世"

当你在飞机上俯瞰大地时，那大大小小的湖泊星罗棋布，就像一块块巨大的、形状不很规则的镜子，放在辽阔的田野里，嵌在绵延的山丛间，镶在绿茵茵的草原上，在阳光照耀下反射出耀眼的光芒。

湖泊的外部形态是千差万别的。就湖泊面积而言，大型湖泊可达数万到数十万平方千米，小型湖泊只有几公顷。湖泊的深度差别也大，有深达千余米的深湖，也有水深仅几厘米的近于干涸的湖泊。湖泊几何形态上的变化，在很大程度上取决于湖盆的起源，不同成因的湖泊其轮廓是不同的。为数众多的湖泊是地壳运动的副产品。

组成地壳的各种岩石，处于不断的运动中。岩石受力以后，发生各种变形和错动，有的上升，有的下降，有的发生弯曲。当岩石受到的力强过它的强度极限时，就会发生断裂变形，形成各种断层。如果两条相邻断层中间的岩块或地块相对下落，就形成地堑。断层或地堑都是由地壳构造运动而形成的，由它们形成的凹陷洼地，如果积水成湖，就叫构造湖。

地球上的一些大中型湖泊多属于这种成因类型。构造湖盆的特点是湖岸狭长而平直，岸坡陡峻，深度较大。

世界上最大的东非大裂谷，有人比喻为大地脸上最大的伤疤，就是地壳发生断裂运动形成的。在这条大裂谷的南部，大大小小30多个湖泊，像一串珍珠似的镶嵌在它上面，其中，面积达31900平方千米的坦噶尼喀湖和面积达30800平方千米的马拉维湖，都是世界上的大湖。

与东非大裂谷一样，西伯利亚高原南部的贝加尔湖，也是一个大型的构造湖。在2500年以前，由于强烈的地壳断裂运动，形成了一条狭长的、深陷的、呈新月型的谷盆，它两侧陡峻的断壁悬崖高达1000～2000米。因而贝加尔湖的湖盆深陷，湖水的深度为1620米，是世界上最深的湖泊。

贝加尔湖的水量为2300立方千米，仅次于里海，居世界湖泊的第二位，由于里海是咸水湖，所以贝加尔湖成为世界上水量最多的淡水湖。

站在贝加尔湖边，你会发现蓝黑色的湖水非常清净，透明可鉴。这是由于湖的东南，有色楞格河注入，南段的西北侧，则有安加拉河流出。这样使得湖水得到不断更新，盐分在湖内不能累积。

在我国云南境内这种成因的湖泊较多。像著名的洱海、阳宗海、抚仙湖和滇池等，它们多沿着断裂方向排列，并且都是南北长，东西窄，湖深水澈。抚仙湖的水深达151.5米，是我国仅次于长白山天池的第二深湖。

我国青藏高原的许多湖泊也属于构造湖。那里的一些较大的湖盆，排列方向与地区性大断层的方向是一致的，呈线状延伸。

贝加尔湖

在吉林省东南部中朝两国边境，有一座风光绮丽的高大山体，矗立在广阔的熔岩高原上，这就是世界著名的长白山。在长白山的主峰白头山巅上，有一个著名的湖，叫天池。天池像一面明镜，光可鉴人。翠绿的池水，紫蓝色的云影、耀眼的白雪及峥嵘的奇峰和色泽瑰丽的山岩，构成了美丽奇幻的人间仙境。

天池略呈椭圆形，水深312.7米，面积为9.2平方千米，是我国第一深湖。为什么天池会位于这么高的地方？而又这么深？这是令一般人感到难以琢磨的问题。也正是由于这个原因，人们对它产生神秘和崇敬之感，把它和"天"、"神"等概念联系在一起。

众所周知，地下有炽热的岩浆，如果沿着地壳中的一个管道或裂隙喷溢出来，就会发生火山爆发现象。岩浆的这种喷出地表的活动，在地质学上称为火山活动。熔岩的喷出和流动，可以明显地改变地面形态，形成许多大型的洼地。火山喷发，常在顶部形成一个圆形的火山口。在火山停止喷发后，火山口内可以蓄水成湖，这种湖泊称为火山口湖。火山口湖的外形多呈圆形、椭圆形或马蹄形。

天池之所以位于白头山之巅，并且水深达 300 多米，正是由于它是一个火山口湖的缘故。我国的火山口湖，除了长白山的天池以外，还有台湾地区的日月潭、浙江天目山顶被称为"天目"的两口湖等。

天 池

火山喷发的熔岩在流动过程中，有时会堵塞河道，像短暂瞬间造就的天然大坝，拦腰斩断奔腾的河川，使河水水面扩大，成为一座堰塞湖。我国东北的镜泊湖和小兴安岭两侧的五大连池，都是熔岩堰塞湖。另外一类堰塞湖是由地震或者泥石流等引起的山崩滑坡物质堵塞河床形成的。这种类型的堰塞湖在我国西藏东南部较为常见。1900 年，藏东南波密县因地震影响而发生特大泥石流，截断了乍龙曲，形成一个海拔 2159 米、长 16 千米、宽 2 千米、深 25 米的易贡错，使两个村庄淹入湖中。八宿县 200 年前在一条河流的右岸发生巨大山崩，堵截了河流的出口，从而形成海拔 3800 米、长 26 千米、宽 12 千米、面积为 20 平方千米的然乌错。

大地上的湖泊很多，追溯这些湖泊的身世，是饶有兴味的一件事。除了上面已经谈到的构造湖、火山口湖、堰塞湖外，还有一种冰川湖。在欧洲北部面积只有 4775 平方千米的芬兰，竟有大大小小的湖泊 55000 多个。当你乘飞机飞越芬兰上空时，只见星星点点的湖泊，像无数颗珍珠撒在青山之中。芬兰因此被称作"千湖之国"。

北美洲的加拿大，湖泊也是多不胜数，繁若星辰。最著名的是大熊湖、大奴湖、温尼伯湖。在美国和加拿大交界的地方，湖泊不但多，而且大。除了伊利湖和安大略湖外，还有苏必利尔湖、休伦湖、密歇根湖，这五个湖都是世界有名的大湖。因此，人们把这五大湖组成的淡水湖群，称为"北美大陆的地中海"。

在这些地方，如此之多、如此之大的湖泊都是冰川的杰作。在几十万年以前，这些地方覆盖着大陆冰川，巨厚的冰体在重力作用下，缓慢地向前移动。巨大的冰块和夹在其中坚硬的砾石，就像一把把锋利的大镰刀，沿途不停地刻蚀地面，在大地上挖出许许多多、大大小小、

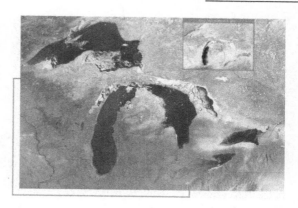

北美五大湖

深浅不一的槽谷和盆地。后来，整个地球上的气候转暖，冰川逐渐融化，许多原来冻结在冰块里的泥沙，渐渐地沉积下来，把山谷堵住了。这样一来，高处山峰上融化下来的雪水，到此不能继续通行，全部被拦在了山谷中，就形成了湖。这种湖叫做冰蚀湖。

我国沙漠地区有成百上千个被称作"明珠"的大小湖泊，属于沙丘受定向风吹蚀成的丘间洼地被潜水汇聚成的风成湖；还有沿海平原洼地由于沿岸流所挟带的泥沙不断淤积，海湾被沙嘴封闭而形成的潟湖，它们多分布在沿海平原低地区；此外，还有由于河道的横向摆动而残留的河迹湖，或随河流天然堤而生的堤间湖等。

在自然界中，还有不少湖泊的成因具有混成的特点。

水的家园——海洋

地球上广大连续的咸水水体的总称为海洋。地球上陆地全部为海洋所分开与包围，所以陆地是断开的，没有统一的世界大陆；而海洋却是连成一片，各大洋相互沟通，它们之间的物质和能量可以充分地进行交流，形成统一的世界大洋，使海洋具有连续性、广大性，成为地球上水圈的主体。

海洋的组成

由于海水所处的地理位置及其水文特征的不同，从区域范围上可分为

103

洋、海、海湾、海峡等，它们共同组成了海洋。

1. 洋

洋是世界大洋的中心部分和主体部分，它远离大陆，深度大，面积广，不受大陆影响，具有较稳定的理化性质和独立的潮汐系统以及强大洋流系统的水域。

世界大洋分为 4 个部分，即太平洋、大西洋、印度洋和北冰洋。每个大洋都有自身的发展史和独特的形态。其中太平洋和北冰洋以白令海峡为界，即从楚科奇半岛的迭日涅夫角开始，经白令海峡，通过奥米德群岛至苏厄德半岛的威尔士太子角。白令海峡宽度仅 86 千米，海槛最大深度 70 米，最小深度只有 42 米，这就大大限制了太平洋与北冰洋之间的水交换；太平洋与印度洋其界线沿马来半岛、通过马六甲海峡北端、苏门答腊岛两岸、爪哇岛南岸、帝汶岛南岸、新几内亚岛南岸，经过托雷斯海峡和巴斯海峡，继而沿塔斯马尼亚岛南角的经线（东经 147 度）一直到南极；太平洋与大西洋以通过南美洲南端合恩角的经线（西经 60 度）为界；大西洋与印度洋以通过非洲南端厄加勒斯角的经线（东经 20 度）为界；大西洋与北冰洋的界线，以格陵兰—冰岛海脊、冰岛—法罗海槛和威维亚、汤姆逊海岭（冰岛与英国之间）一线为界。

位于大洋边缘，被大陆、半岛或岛屿所分割的具有一定形态特征的小水域，称为海、湾和海峡。

2. 海

海是靠近大陆，深度浅（一般在 2000~3000 千米），面积小，兼受洋、陆影响，具有不稳定的理化性质，潮汐现象明显，并有独立海流系统的水域。根据海被大陆孤立的程度和其地理位置及其他地理特征，可将海划分为地中海和边缘海。

地中海又可划分为：陆间海和内陆海。陆间海是介于两个以上大陆之间，并有海峡与相邻海洋相连通的水域，一般深度较大，如亚、欧、非大陆之间的地中海；内陆海是深入大陆内部，海洋状况受大陆影响显著，海的个性很强，如黑海、红海等。

边缘海是位于大陆边缘的水域，一部分以大陆为界，另一部分以岛屿、半岛、群岛与大洋分开。与大洋的水交换比较自由。靠近大陆一边受大陆影响大，水文状况季节变化显著；靠大洋一边受大洋影响大，水文状况比较稳定。

3. 海湾

海湾是海洋伸入大陆的部分，其深度和宽度向大陆方向逐渐减小的水域。一般以入口处海角之间的连线或湾口处的等深线作为洋或海的分界线。海湾的特点是潮差较大。

4. 海峡

海峡是连通海洋与海洋之间狭窄的天然水道。如台湾海峡、马六甲海峡、直布罗陀海峡等。其水文特征是水流急，潮速大，上下层或左右两侧海水理化性质不同，流向不同。

洋　流

洋流即海流，是指海洋中具有相对稳定的流速和流向的海水，从一个海区水平地或垂直地向另一海区大规模的非周期性的运动。洋流具有非常大的规模，如湾流，它的流量相当于世界陆地总径流量的 20 余倍。所以洋流是促成不同海区间进行大规模水量交换的主要因子。伴随着大规模的水量交换，还有热量交换、盐分交换和溶解气体交换等。所以洋流对气候、海洋生物、海洋沉积、海上交通，以及海洋环境等方面都有巨大影响。

洋流的分类洋流按成因可分三类：①风海流：是在风力作用下形成的；②密度流：是由于海水密度分布不均匀引起的，当摩擦力可以忽略不计时，密度流又称地转流或梯度流；③补偿流：是由于海水从一个海区大量流出，而另一个海区海水流来补充而形成的。补偿流可以在水平方向上发生，也可在垂直方向上发生。垂直方向的补偿流又可分为上升流和下降流。

洋流按本身与周围海水温度的差异又可分为暖流和寒流两类。暖流是指本身水温较周围海水温度高；寒流则相反。洋流按其流经的地理位置又可分为赤道流、大洋流、极地流及沿岸流等。

在生产实践中，有时把海岸带的海流分为潮流和余流两种。在海岸带实测到的海流通常是潮流、风海流、地转流等叠加的合成海流，这种合成海流可分解为：周期性海流—潮流和非周期性海流—余流。

实际上，仅由单一原因产生的海流极少，往往是几种原因共同作用的结果，但也有主次之分。如近海以潮流为主，外海以风海流和梯度流为主。

作用于洋流的力主要有风对海水的应力和海水的压强梯度力。在这些力的作用下，当海水运动起来后，还产生一系列派生的力，如摩擦力、地转偏向力和离心力等。

（1）风的应力

风对海水的应力包括两个方面，一是风对海面的摩擦力（切应力），二是风施加在海浪迎风面上的压力（正压力）。所以，风作用于海面，除形成波浪外，还会产生海水的前进运动，即洋流。

（2）压强梯度力

单位面积所受到的压力称之压强，而流体内部任一点压强，只取决于液柱的自重，而与方向无关，随着海水深度的增加，压强愈来愈大。所谓梯度，是相对空间的变化率。

梯度是沿压强变化最大的方向，压强随距离而改变，其方向指向压力增加的方向。在两个等压面之间，垂直等压面的方向就是压强变化的最大方向，也就是压强梯度的方向。由压强梯度引起的力，叫压强梯度力，它是由压力大的方向指向压力小的方向，即与压强梯度的方向相反。在海洋里，它是指向上的。压强梯度力的方向可以这样来理解，当外加压力增大时，液体受到进一步压缩，处于压缩状态下的流体，能产生向外膨胀的力，这种力可以看成是一种弹性力。在液体中，可以认为是排列得很紧密的液体分子间相互作用的排斥力。

（3）摩擦力

当海水做相对运动时，流速不同的海水之间就会发生动量交换，表现为内切应力的摩擦力。这是海水分子不规则的热运动或海水微团、小块的杂乱运动导致的。其结果是使流速大的海水减速，流速小的海水加速，以致最后使它们的速度趋于均匀化。

例如当表层海水具有一定的速度时，下层海水也将被带动而具有速度，结果使表层海水速度减小，下层海水速度增大，上下层海水速度逐渐趋于均匀化。

（4）地转偏向力

当物体在地球上做相对运动时，就会受到偏向力的作用，其性质与惯性力类同。地转偏向力在北半球偏右，与流速方向垂直。地转偏向力的量值极小，因此在大多数情况下，由于作用于物体上的力远较地转偏向力大，故可略去不计，这就是将地球近似看成惯性系的原因。但在讨论大气和海水运动时，却不能略去。这是因为作用于大气和海水的其他力也很小，如海洋里等压面倾斜的坡度，在1000米的水平距离内，海面仅上升或下降1厘米左右。

大洋环流系统

（一）世界大洋表层环流系统

大气与海洋之间处于相互作用、相互影响、相互制约之中，大气在海洋上获得能量而产生运动，大气运动又驱动着海水，这样多次的动量、能量和物质交换，就制约着大气环流和大洋环流。海面上的气压场和大气环流决定着大洋表层环流系统。

1. 大洋表层环流模式

大洋表层环流与盛行风系相适应，所形成的格局具有以下特点：

①以南北回归高压带为中心形成反气旋型大洋环流；②以北半球中高纬海上低压区为中心形成气旋型大洋环流；③南半球中高纬海区没有气旋型大洋环流，而被西风漂流所代替；④在南极大陆形成绕极环流；⑤北印度洋形成季风环流区。

2. 世界大洋表层反气旋型大洋环流

反气旋型大洋环流，分布在南北纬50度之间，并在赤道两侧成非对称出现。在东南信风和东北信风的西向风应力作用下，形成了南、北赤道洋流（又称信风漂流）。其基本特点：从东向西流动，横贯大洋，宽度约2000千米，厚度约200米，表面流速为20～50厘米/秒，靠近赤道一侧达50～100厘米/秒，个别海区可达160～200厘米/秒；由于赤道偏北，所以信风漂流也偏北（但印度洋除外），因此赤道洋流并不与赤道对称。它对南北半球水量交换起着重要作用，特别是大西洋，南大西洋的水可穿过赤道达北纬 10 度以北，并与北大西洋水相混合。

赤道洋流遇大陆后，一部分海水由于信风切应力南北向分速分布不均和补偿作用而折回，便形成了逆赤道流和赤道潜流。逆赤道流与赤道无风带位置相一致，其基本特征是：从西向东流动，一般流速为 40～60 厘米/秒，最大流速可达 150 厘米/秒，为高温低盐海水。赤道潜流位于赤道海面以下，流动于南纬 2 度到北纬 2 度之间，轴心位于赤道海面下 100 米处，轴心最大流速约 100～500 厘米/秒。

在赤道洋流和赤道潜流海区，表层水以下都存在着温度和盐度的跃层。这两支洋流都是暖流性质。赤道洋流遇大陆后，另一部分海水向南北分流，在北太平洋形成黑潮；在南太平洋形成东澳大利亚洋流；在北大西洋形成湾流；在南大西洋形成巴西洋流；在南印度洋形成莫桑比克洋流。

这些洋流都具有高温、高盐、水色高、透明度大的特点。其中最著名的暖流有黑潮和湾流。这两支洋流西向"强化"明显，流势强大。黑潮起源于吕宋岛以东海区，其水源一部分来自北赤道流，一部分来自北太平洋西部亚热带海水，流经我国台湾地区一带，东到日本以东与北太平洋西风漂流相接。

黑潮、东澳大利亚洋流、湾流、巴西洋流、莫桑比克洋流，受地转偏向力的影响，到西风带则转变为西风漂流。西风漂流与寒流之间，形成一洋流辐聚带，叫做海洋极锋带。极锋带两侧海水性质不同，冷而重的海水潜入暖而轻的海水之下，并向低纬流去。

南半球因三大洋面积彼此相连，风力强度常达 8 级以上，所以西风漂流得到了充分的发展，从南纬 30 度一直扩展到南纬 60 度左右，表层水层厚度可达 3000 米，平均速度为 10～20 厘米/秒，流量 2 亿米/秒。西风漂流遇大陆后分成南北两支，向高纬流去的一支成为暖流（北半球）；向低纬流去的一支成为寒流，并以补偿流的性质汇入南北赤道流。这样就形成了大洋中的反气旋型环流系统。属于这类寒流的有：北太平洋的加利福尼亚寒流，南太平洋的秘鲁寒流；北大西洋的加那利寒流，南大西洋的本格拉寒流；南印度洋的西澳大利亚寒流等。

3. 世界大洋表层气旋型大洋环流

气旋型大洋环流分布在北纬 45 度 ~ 70 度。在大洋东侧，为从西风漂流分出来的暖流，属于这类洋流有：北太平洋阿拉斯加暖流和北大西洋暖流。其表层水一般厚度为 100 ~ 150 米。在大洋西侧为从高纬向中纬流动的寒流，它是极地东北风作用下形成的。属于这类寒流有：北太平洋的亲潮和北大西洋的东格陵兰寒流。其水层厚度可达 150 米，其水文特征是低温、低盐、密度大、含氧量多。

4. 北印度洋季风漂流

三大洋中唯有北印度洋特殊，在冬、夏季风作用下形成季风漂流。冬季，北印度洋盛行东北季风，形成东北季风漂流；夏季，北印度洋盛行西南季风，形成西南季风漂流。

5. 南极绕极环流

南极绕极水是世界大洋中唯一环绕地球一周的表层大洋环流。它具有许多独特性质，因此有人把它称为"南极洋"、"南极海"。依水温变化规律不同，南极洋可分为两个海区：①从南极大陆到南极辐聚线间的海区，称为南极海区，其表层水温较低；②从南极辐聚线到亚热带辐聚线间的海区，称为亚南极海区。南极表层水形成于高纬海区，在极地东风作用下，形成一个独特的绕极西向环流；但是大部分南极海中仍然以西风漂流为主。南极绕极环流的特点是低温、低盐，   冬季大部分水温在冰点左右，盐度为3．4% ~ 3．45%。南极绕极环流流量相当于世界大洋中最强大的湾流和黑潮的总和，但流速仅为其的 1/10。

（二）世界大洋深层环流系统在大洋深层环流系的垂直结构中，可分出暖冷两种环流系统和 5 个基本水层（表层、次层、中层、深层和底层）

1. 暖水环流系统和冷水环流系统

大洋经向暖水环流分布的范围在南北纬 40 度 ~ 50 度，从海洋表面到600 ~ 800 米深。其水文特征是：垂直涡动、对流较发达，温度、盐度具有时间变化，受气候影响明显，水温较高，所以称为暖水环流。在暖水环流中因有明显的温度、盐度和密度跃层存在，所以，暖水环流又可分出表层水和次层水两种。

大洋经向冷水环流全部分布在大洋深处，从两极大洋表面一直伸展到大洋底部。其水文特征是：垂直紊动不发达，洋流主要作缓慢的水平流动。由于它源于高纬海区，所以水温低、盐度小，成为冷水环流。在冷水环流中，依海水运动特征和温度、盐度垂直分布规律的不同，又可分为中层水、深层水和底层水。

2. 表层水、次层水和中层水的环流

表层水一般达到的深度为 100～200 米，由于大气的直接相互作用，该层的温度和盐度的季节性变化较大。次层水为表层水以下，到 300～400 米深度（个别海区达 500～600 米）。中层水为次层水以下，到 800～1000 米深度（个别海区可达 1500 米）。它不受季节性变化影响，但它同表层水一起参与了风产生的表层环流，通常环流速度随深度增加而减小。

表层水、次层水和中层水的共同特点是：从大洋表面到 1000 米深，都明显地存在着反气旋型环流，就是由地转偏向力所决定的。从北纬 40 度到南纬 50～60 度，这三层水共同特点是，温度较高，盐度较大，密度较小；在北纬 40 度以北，这三层水的特点是，温度较低，盐度较小，密度较大；在南纬 60 度以南，其特点是温度最低，盐度最低，密度最大。次层水主要是由于亚热带辐合区表层水下沉和冬季对流作用下形成的；中层水是由亚热带辐合区和高纬表层水下沉混合而成。

3. 深层水的环流

中层水以下，到 4000～5000 米深为深层水，其形成主要是热盐环流。环流形态与以上 3 层水有显著不同，成为独立的环流系统。深层水的运动据计算和新近的直接观测表明，在整个大洋范围内不是均匀扩展的，而是如同上层海流一样，倾向于汇集在大洋盆地的西部。深层水特征是：中低纬区水温为 1.5℃～3.0℃，盐度为 3.46%～3.5%，密度较小；高纬区水温低，盐度小，密度大；南北极附近的海区中，2000 米以下的水温为 -1℃～-0.01℃，盐度小于 3.5%，密度大。深层水来源于南极底层和格陵兰东南部海区的深层水，形成了巨大的深层绕球性的纬向环流。在非洲好望角南端和新西兰南端这一环流的一部分水，分别流入印度洋和太平洋。

4. 底层水的环流

底层水位于深层水之下，遍布于大洋海底之上。底层水来源于南极大陆和北冰洋附近。发生在南极海区的底层水，称为南极底层水。

它主要是形成于威德尔海和南极大陆架海区，其水温低达 - 1.9℃，密度大。所以易下沉形成底层水，其水量可达 10 立方米/秒，然后沿大陆坡流入太平洋、大西洋和印度洋，并可越过赤道进入北半球，在大西洋可达北纬45度，在印度洋可达孟加拉湾和阿拉伯海，在太平洋可达阿留申群岛。北极底层水形成于格陵兰附近的北极海区，水温在 - 1.4℃，密度也大，有利于底层水的形成。形成后经冰岛与法罗群岛间的海槛以及丹麦海峡流出，但因这些海区水深小于 1000 米，所以北极底层水不能大量地流入大西洋。

综上所述，世界大洋环流体系由表层（包括次表层水）环流、中层环流、深层环流和底层环流所组成。表层环流系统主要是风成环流。中层水、深层水和底层水均为热盐环流。表层水、次层水、中层水、深层水和底层水在其运动过程中，进行着全球性的大量交换与循环，这构成了世界大洋中统一的环流体系。

水 循 环 概 述

水循环是在一个既没有起点亦没有终点的循环中不断移动或改变存在的模式。当水在地球中移动时，将会在气态、固态和液态三个状态中不断转变。水由一个地方移动至另一个地方所需的时间可以秒作单位，亦可以是数以千年计。而地球中的总水量约为 1.37×10^6 立方千米，其中以包含海洋的含水量。而尽管水在水循环中不断改变，但地球的含水量基本不变。

水会透过各种物理变化或生物物理变化而达成移动。而蒸馏和降水在整个水循环中担当一个非常重要的角色，这两个过程于每年令 505000 立方千米的水产生移动。它们亦令地球中大部分水产生移动。河流所带动的水流只属于中等，而由冰直接升华至水蒸气更是非常少。

水是怎样循环的

蒸　发

蒸发是水由液体状态转变为气体状态的过程，亦是海洋与陆地上的水返回大气的唯一途径。由于蒸发需要一定的热量，因而蒸发不仅是水的交换过程，亦是热量的交换过程，是水和热量的综合反映。

蒸发的物理机制

蒸发因蒸发面的不同，可分为水面蒸发、土壤蒸发和植物散发等。其中土壤蒸发和植物散发合称为陆面蒸发，流域（区域）上各部分蒸发和散发的总和，称为流域（区域）总蒸发。不同类型的蒸发，其蒸发机制存在一定的差异，现分述如下：

（一）水面蒸发

水面蒸发是在充分供水条件下的蒸发。从分子运动论的观点来看，水面蒸发是发生在水体与大气之间界面上的分子交换现象。包括水分子自水面逸出，由液态变为气态；以及水面上的水汽分子返回液面，由气态变为液态。

通常所指的蒸发量，即是从蒸发面跃出的水量和返回蒸发面的水量之差值，称为有效蒸发量。从能态理论观点来看，在液态水和水汽两相共存的系统中，每个水分子都具有一定的动能，能逸出水面的首先是动能大的分子，而温度是物质分子运动平均动能的反映，所以温度愈高，自水面逸出的水分子愈多。由于跃入空气中的分子能量大，蒸发面上水分子的平均动能变小，水体温度因而降低。

单位质量的水，从液态变为气态时所吸收的热量，称为蒸发潜热，反之，水汽分子因本身受冷或受到水面分子的吸引作用而重回水面，发生凝结叫凝结潜热。在凝结时水分子要释放热量，在相同温度下，凝结潜热与蒸发潜热相等。所以说蒸发过程既是水分子交换过程，亦是能量的交换过程。

（二）土壤蒸发

土壤蒸发是发生在土壤孔隙中的水的蒸发现象，它与水面蒸发相比较，不仅蒸发面的性质不同，更重要的是供水条件的差异。土壤水在汽化过程中，除了要克服水分子之间的内聚力外，还要克服土壤颗粒对水分子的吸附力。

从本质上说，土壤蒸发是土壤失去水分的干化过程，随着蒸发过程的持续进行，土壤中的含水量会逐渐减少，因而其供水条件越来越差。土壤的实际蒸发量亦随之降低。根据土壤供水条件的差别以及蒸发率的变化，可将土壤的干化过程划分为如下三个阶段：

1. 蒸发率定常阶段

在充分供水条件下，水通过毛管作用，源源不断地输送到土壤表层供蒸发之用，蒸发快速进行，蒸发率相对稳定，其蒸发量等于或近似于相同气象条件下的水面蒸发。在此阶段，土壤蒸发主要受气象条件的影响。

2. 蒸发率下降阶段

由于蒸发不断耗水，土壤中的水逐渐减少，当降到某一临界值W（其值相当于土壤田间持水量）以后，土壤的供水能力，不能满足蒸发需要，蒸发率将随着土壤含水量的减少而减小，于是土壤蒸发进入蒸发率明显下降阶段。在此阶段，由于供水不足，毛管水上升能力达不到表土。土壤水主要以薄膜水的形式，由水膜厚的地方向水膜薄的地方运动，所以蒸发速度明显低于第一阶段。其蒸发量的大小主要决定于土壤含水量，气象因素则退居次要地位。

3. 蒸发率微弱阶段

当土壤含水量逐步降低到第二个临界点W（其值相当于植物无法从土壤中吸收水而开始凋萎枯死时的土壤含水量，称凋萎系数），土壤蒸发便进入蒸发率微弱阶段。在此阶段内土壤水由底层向土面的薄膜运动亦基本停止，土壤液体水供应中断，只能依靠下层水气化向外扩散，此时土壤蒸发在较深的土层中进行，其气化扩散的速度主要与上下层水气压梯度及水汽所通过的路径长短和弯曲程度有关，并随气化层的不断向下延伸，蒸发愈来愈弱。

（三）植物散发

植物散发又称植物蒸腾，其过程大致是：植物的根系从土壤中吸收水后，经由根、茎、叶柄和叶脉输送到叶面，并为叶肉细胞所吸收，其中除一小部分留在植物体内外，90%以上的水分在叶片的气腔中汽化而向大气散逸。所以植物蒸发不仅是物理过程，也是植物的一种生理过程，比起水面蒸发和土壤蒸发都要来得复杂。

植物对水的吸收与输送功能是在根土渗透势和散发拉力的共同作用下形成的。其中根土渗透势的存在是植物本身所具备的一种功能。它是在根和土共存的系统中，由于根系中溶液浓度和四周土壤中水的浓度存在梯度差而产生的。这种渗透压差可高达10余个大气压，使得根系像水泵一样，不断地吸取土壤中的水。

散发拉力的形成则主要与气象因素的影响有关。当植物叶面散发水汽后，叶肉细胞缺水，细胞的溶液浓度增大，增强了叶面吸力，叶面的吸力又通过植物内部的水力传导系统（即叶脉、茎、根系中的导管系统）而传导到根系表面，使得根的水势降低，与周围的土壤溶液之间的水势差扩大，进而影响根系的吸力。

这种由于植物散发作用而拉引根部水向上传导的吸力，称为散发拉力，散发拉力吸收的水量可达植物总需水量的90%以上。由于植物的散发主要是通过叶片上的气孔进行的，所以叶片的气孔是植物体和外界环境之间进行水汽交换的门户。而气孔则有随着外界条件变化而收缩的性能，从而控制植物散发的强弱。

一般来说，在白天，气孔开启度大，水散发强，植物的散发拉力也大；夜晚气孔关闭，水散发弱，散发拉力亦相应地降低。

影响蒸发的因素

影响蒸发的因素复杂多样，其中主要有以下三方面：

（一）供水条件

蒸发现象的先决条件是蒸发面存在水，通常将蒸发面的供水条件区分为充分供水和不充分供水两种。

一般将水面蒸发及含水量达到田间持水量以上的土壤蒸发，均视为充分供水条件下的蒸发；而将土壤含水量小于田间持水量情况下的蒸发，称为不充分供水条件下的蒸发。

通常，将处在特定的气象环境中，具有充分供水条件的可能达到的最大蒸发量，称为蒸发能力，又称潜在蒸发量或最大可能蒸发量。对于水面蒸发而言，自始至终处于充分供水条件下，因此可以将相同气象条件下的自由水面蒸发，视为区域（或流域）的蒸发能力。

由于在充分供水条件下，蒸发面与大气之间的显热交换与内部的热交换都很小，可以忽略不计，因而辐射平衡的净收入完全消耗于蒸发。但必须指出，实际情况下的蒸发可能等于蒸发能力，亦可能小于蒸发能力。此外，对于某个特定的蒸发面而言，其蒸发能力并不是常数，而要随着太阳辐射、温度、水汽压差以及风速等条件的变化而不同。

（二）影响蒸发的动力学与热力学因素

1. 动力学因素

影响蒸发的动力学因素主要有如下三方面：

（1）水汽分子的垂向扩散

通常蒸发面上空的水汽分子，在垂向分布上极不均匀。愈近水面层，水汽含量就愈大，因而存在着水汽含量垂向梯度和水汽压梯度。于是水汽分子有沿着梯度方向运行扩散的趋势。垂向梯度愈显著，蒸发面上水汽的扩散作用亦愈强烈。

（2）大气垂向对流运动

垂向对流是指由蒸发面和空中的温差所引起，运动的结果是把近蒸发面的水汽不断地送入空中，使近蒸发面的水汽含量变小，饱和差扩大，从而加速了蒸发面的蒸发。

（3）大气中的水平运动和湍流扩散

在近地层中的气流，既有规则的水平运动，亦有不规则的湍流运动（涡流）。运动的结果，不仅影响水汽的水平和垂向交换过程，影响蒸发面上的水汽分布，而且也影响温度和饱和差，进而影响蒸发面的蒸发速度。

2. 热力学因素

从热力学观点看，蒸发是蒸发面与大气之间发生的热量交换过程。蒸发过程中如果没有热量供给，蒸发面的温度以及饱和水气压就要逐步降低，蒸发亦随之减缓甚至停止。由此可知，蒸发速度在很大程度上取决于蒸发面的热量变化。影响蒸发面热量变化的主要因素如下：

（1）太阳辐射是水面、土壤、植物体热量的主要来源。太阳辐射强烈，蒸发面的温度就升高，饱和水气压增大，饱和差也扩大，蒸发速度就大。反之，蒸发速度就降低。由于太阳辐射随纬度而变，并有强烈的季节变化和昼夜变化，因而各种蒸发面的蒸发，亦呈现强烈的时空变化特性。

对于植物散发来说，太阳辐射和温度的高低，还可通过影响植物体的生理过程而间接影响其散发。当温度低于 1.5℃，植物几乎停止生长，散发量极少。在 1.5℃以上，散发随温度升高而递增。但当温度 >40℃时，叶面的气孔失去调节能力，气孔全部敞开，散发量大增，一旦耗水量过多，植物将枯萎。

（2）平流时的热量交换主要指大气中冷暖气团运行过程中发生的与下垫面之间的热量交换。这种交换过程具有强度大、持续时间较短、对蒸发的影响亦比较大的特点。

此外，热力学因素的影响，往往还和蒸发体自身的特性有关。以水体为例，水体的含盐度、浑浊度以及水深的不同，就会导致水体的比热、热容量的差异，因而在同样的太阳辐射强度下，其热量变化和蒸发速度也不同。

（三）土壤特性和土壤含水量的影响

土壤特性和土壤含水量主要影响土壤蒸发与植物散发。

1. 对土壤蒸发的影响

不同质地的土壤含水量与土壤蒸发比之间的关系，显示出每种土壤的关系线都存在一个转折点。与此转折点相应的土壤含水量，称为临界含水量。当实际的土壤含水量大于此临界值时，则蒸发量与蒸发能力之比值接近于1，即土壤蒸发接近于蒸发能力，并与土壤含水量无关；当土壤含水量小于临界值，则蒸发比与含水量呈直线关系。在这种情况下，土壤蒸发不仅与含水量成正比，而且还与土壤的质地有关。因为土壤的质地不同，土壤的孔隙率及连通性也就不同，进而影响土壤中水的运动特性，影响土壤水的蒸发。

2. 对植物散发的影响

植物散发的水来自根系吸收土壤中的水，所以土壤的特性和土壤含水量自然会影响植物散发，不过对影响的程度还有不同的认识。有的学者认为，植物的散发量与留存在土壤内可供植物使用的水大致成正比；另一些人则认为，土壤中有效水在减少到植物凋萎含水量以前，散发与有效水无关。所谓有效水是指土壤的田间持水量与凋萎含水量之间的差量。

水汽扩散与输送

水汽扩散与水汽输送，是地球上水循环过程的重要环节，是将海水、陆地水与空中水联系在一起的纽带。正是通过扩散运动，使得海水和陆地水源源不断地蒸发升入空中，并随气流输送到全球各地，再凝结并以降水的形式回归到海洋和陆地。所以水汽扩散和输送的方向与强度，直接影响到地区水循环系统。对于地表缺水，地面横向水交换过程比较弱的内陆地区来说，水汽扩散和输送对地区水循环过程具有特别重要的意义。

水汽扩散

所谓水汽扩散是指由于物质、粒子群等的随机运动而扩展于给定空间的一种不可逆现象。扩散现象不仅存在于大气之中，亦存在于液体分子运动进程之中。在扩散过程中伴随着质量转移，还存在动量转移和热量转移。

这种转移的结果，是使得质量、动量与能量不均的气团或水团趋向一致，所以说扩散的结果带来混合。而且扩散作用总是与平衡作用相联系在一起，共同反映出水汽（或水体）的运动特性，以及各运动要素之间的内在联系和数量变化，所以说，扩散理论是水文学的重要基础理论。

（一）分子扩散

分子扩散又称分子混合，是大气中的水汽，各种水体中的水分子运动的普遍形式。蒸发过程中液面上的水分子由于热运动结果，脱离水面进入空中并向四周散逸的现象，就是典型的分子扩散。

由于这种现象难以用肉眼观察到，可以通过在静止的水面上瞬时加入有色溶液，观察有色溶液在水中扩散得到感性的认识。在有色溶液加入之初，有色溶液集中在注入点，浓度分布不均，而后随着时间的延长，有色溶液逐渐向四周展开，一定时间后便可获得有色溶液浓度呈现正态分布的曲线，最终成为一条均匀分布的浓度曲线。

这种现象就是由水分子热运动而产生的分子扩散现象。

（二）紊动扩散

紊动扩散又称紊动混合，是大气扩散运动的主要形式。其特点是，由于受到外力作用影响，水分子原有的运动规律受到破坏，呈现"杂乱无章的运动"。

运动中无论是速度的空间分布还是时间变化过程都没有规律，而且引起大小不等的涡旋。这些涡旋也像分子运动一样，呈现不规则的交错运动。这种涡旋运动又称为湍流运动。

通常大气运动大多属于湍流运动。由湍流引起的扩散现象称为湍流扩散。与分子扩散一样，大气紊流扩散过程中，也具有质量转移、动量转移和热量转移，其转移的结果，促使质量、动量、热量趋向均匀，因而亦称紊动混合。但与分子扩散相比较，紊动扩散系数往往是前者的数千百倍，所以紊动扩散作用远较分子扩散作用为大。

空中水汽含量的变化，除了与大气中比湿的大小有关外，还要受到水分子热运动过程、大气中湍流运动以及水平方向上的气流运移的影响。所以说上述两种扩散现象经常是相伴而生，同时存在。例如，水面蒸发时的水分子运动，就既有分子扩散，又可能受紊动扩散的影响。不过，当讨论紊动扩散时，由于分子扩散作用很小，可以忽略不计；反之，讨论层流运动中的扩散时，则只考虑分子扩散。

水汽输送

水汽输送是指大气中水分因扩散而由一地向另一地运移，或由低空输送到高空的过程。水汽在运移输送过程中，水汽的含量、运动方向与路线，以及输送强度等随时会发生改变，从而对沿途的降水以重大影响。

由于区域蒸发量远小于水汽输送量，所以区域降水量的大小，主要决定于出入该气柱的水汽量的多少。同时由于水汽输送过程中，还伴随有动量和热量的转移，因而要影响沿途的气温、气压等其他气象因子发生改变，所以水汽输送是水循环过程的重要环节，也是影响当地天气过程和气候的重要原因。

　　水汽输送主要有大气环流输送和涡动输送两种形式，并具有强烈的地区性特点和季节变化，时而环流输送为主，时而以涡动输送为主。水汽输送主要集中于对流层的下半部，其中最大输送量出现在近地面层的850～900百帕的高度，由此向上或向下，水汽输送量均迅速减小，到400～500百帕以上的高度处，水汽的输送量已很小，以致可以忽略不计。

　　（一）水汽输送通量与水汽通量散度

　　水汽输送通量与水汽通量散度是用来定量表达水汽输送量的基本参数。

　　1. 水汽输送通量的概念

　　水汽输送通量是表示在单位时间内流经某一单位面积的水汽量。水汽通量有水平输送通量和垂直输送通量之分。通常说的水汽输送主要是指水平方向的水汽输送。水平水汽输送通量是一个向量，输送方向与风速相同，并可分解为经向输送和纬向输送两个分量。

　　纬向输送的水汽通量规定向东输送为正，向西为负；经向输送的水汽通量，规定向北输送为正，向南为负。垂直输送的水汽通量是指单位时间流经单位水平面的水汽通量，规定向上输送为正，向下为负，其单位为克/平方厘米·秒。

　　2. 水汽通量散度

　　水汽通量散度是指单位时间汇入单位体积或从该体积辐散出的水汽量，单位为克/平方厘米·秒。任一地点的水汽通量散度，均可由风和温度资料计算出来，并可绘成等值线图，用以表示广大范围内的水汽通量散度场。

　　散度为正的地区表示水汽自该地区的四周辐散，称该地区为水汽源，在这种情况下降水比较少；反之散度为负的地区，表示四周有水汽向该地区汇集，称该地区为水汽汇，降水比较多。例如，我国大陆东半部水汽总输送场中，其主要水汽耦合区与主要降水区的分布就存在良好的对应关系。黄土高原与华北平原常年为水汽源，东南沿海地区为主要水汽耦合区，所以前者降水远少于后者。

（二）影响水汽输送的主要因素

影响水汽含量与水汽输送的因素很多，主要因素如下：

1. 大气环流的影响

如前所述水汽输送形式有两种，其中环流输送处于主导地位。这是和大气环流决定着全球流场和风速场有关。而流场和风速场直接影响全球水汽的分布变化，以及水汽输送的路径和强度。因此大气环流的任何改变，必然通过流场和风速场的改变而影响到水汽输送的方向、路径和强度。

2. 地理纬度的影响

地理纬度的影响主要表现为影响辐射平衡值，影响气温、水温的纬向分布，进而影响蒸发以及空中水汽含量的纬向分布，基本规律是水汽含量随纬度的增高而减少。

3. 海陆分布的影响

海洋是水汽的主要源地，因而距海远近直接影响空中水汽含量的多少，这也正是我国东南沿海暖湿多雨，愈向西北内陆腹地伸展，水循环愈弱、降水愈少的原因。

4. 海拔高度与地形屏障作用的影响

这一影响包括两方面：①是随着地表海拔高度的增加，近地层湿空气层逐步变薄，水汽含量相应减少，这也是青藏高原上雨量较少的重要原因；②是那些垂直于气流运行方向的山脉，常常成为阻隔暖湿气流运移的屏障，迫使迎风坡成为多雨区，背风坡绝热升温，湿度降低，水汽含量减少，成为雨影区。

降　水

降水是水循环过程的最基本环节，是地表径流的本源，亦是地下水的主要补给来源。降水在空间分布上的不均匀与时间变化上的不稳定性又是引起洪、涝、旱灾的直接原因。所以在水文学水资源的研究与实际工作中，十分重视降水的分析与计算。

降水要素

降水是自然界中发生的雨、雪、露、霜、霰、雹等现象的统称。其中以雨、雪为主。

（一）降水要素

1. 降水（总）量指一定时段内降落在某一面积上的总水量。一天内的降水总量称日降水量；一次降水总量称次降水量。单位以毫米计。

2. 降水历时与降水时间前者指一场降水自始至终所经历的时间；后者指对应于某一降水而言，其时间长短通常是人为划定的（例如，1、3、6、24 小时或 1、3、7 天等），在此时段内并非意味着连续降水。

3. 降水强度简称雨强，指单位时间内的降水量，以毫米/分或毫米/小时计。在实际工作中常根据雨强进行分级，常用分级标准。

4. 降水面积即降水所笼罩的面积，以平方千米计。

（二）降水特征的表示方法

为了充分反映降水的空间分布与时间变化规律，常用降水过程线、降水累积曲线、等降水量线以及降水特性综合曲线表示。

1. 降水过程线

以一定时段（时、日、月或年）为单位所表示的降水量在时间上的变化过程，可用曲线或直线图表示。它是分析流域产流、汇流与洪水的最基本资料。此曲线图只包含降水强度、降水时间，而不包含降水面积。此外，如果用较长时间为单位，由于时段内降水可能时断时续，因此过程线往往不能反映降水的真实过程。

2. 降水累积曲线

此曲线以时间为横坐标，纵坐标表示自降水开始到各时刻降水量的累积值。自记雨量计记录纸上的曲线，即是降水量累积曲线。曲线上每个时段的平均坡度是各时段内的平均降水强度。如果将相邻雨量站的同一次降水的累积曲线绘在一起，可用来分析降水的空间分布与时程的变化特征。

3. 等降水量线（又称等雨量线）

指地区内降水量相等各点的连线。等降水量线图的绘制方法与地形图上的等高线图作法类似。等雨量线综合反映了一定时段内降水量在空间上的分布变化规律。从图上可以查知各地的降水量以及降水的面积，但无法判断出降水强度的变化过程与降水历时。

4. 降水特性综合曲线

常用的降水特性综合曲线有以下三种：

（1）强度—历时曲线

它的绘制方法是根据一场降水的记录，统计其不同历时内最大的平均雨强，而后以雨强为纵坐标，历时为横坐标点绘而成。同一场降雨过程中雨强与历时之间成反比关系，即历时愈短，雨强愈高。

（2）平均深度—面积曲线

这是反映同一场降水过程中，雨深与面积之间对应关系的曲线，一般规律是面积越大，平均雨深越小。曲线的绘制方法是，从等雨量线中心起，分别量取不同等雨量线所包围的面积及此面积内的平均雨深，点绘而成。雨深—面积—历时曲线曲线绘制方法是，对一场降水分别选取不同历时的等雨量线，以雨深、面积为参数作出平均雨深—面积曲线并综合点绘于同一图上。

其一般规律是，面积一定时，历时越长，平均雨深越大；历时一定时，则面积越大，平均雨深越小。

影响降水的因素

降水是受地理位置、大气环流、天气系统、下垫面条件等因素综合影响的产物，但地理位置、大气环流等的影响，已在水汽输送一节中得到阐述。这里主要介绍地形、森林、水体等下垫面条件以及人类活动对降水的影响。

（一）地形条件影响

地形主要是通过气流的屏障作用与抬升作用对降水的强度与时空分布发生影响的。这在我国表现得十分强烈。许多丘陵山区的迎风坡。常成为降水日数多、降水量大的地区，而背向的一侧则成为雨影区。

1963 年 8 月海河流域邢台地区的特大暴雨，其雨区就是沿着太行山东麓迎风侧南北向延伸，呈带状分布，轴向与太行山走向一致，即是典型实例。地形对降水的影响程度决定于地面坡向、气流方向以及地表高程的变化。

位于我国台湾地区的中央山脉，因受湿热气流的影响最强，所以递减率最大，达 105 毫米/100 米；而位于内陆的甘肃省祁连山，由于当地水汽含量少，降水的年递增率仅 7.5 毫米/100 米。但是，这种地形的抬升增雨并非是无限制的，当气流被抬升到一定高度后，雨量达最大值。此后雨量就不再随地表高程的增加而继续增大，甚至反而减少。

（二）森林对降水的影响

森林对降水的影响极为复杂，至今还存在着各种不同的看法。例如，法国学者 F·哥里任斯基根据对美国东北部大流域的研究得出结论，大流域上森林覆盖率增加 10%，年降水量将增加 3%。

根据俄罗斯学者在林区与无林地区的对比观测，森林不仅能保持水土，而且直接增大降水量，例如，在马里波尔平原林区上空所凝聚的水平降水，平均可达年降水量的 13%。我国吉林省松江林业局通过对森林区、疏林区及无林区的对比观测，森林区的年降水量分别比疏林区和无林区高出约 50 毫米和 83 毫米。

总体来说，森林对降水的影响肯定存在，至于影响的程度，是增加或是减少，还有待进一步研究，并且与森林面积、林冠的厚度、密度、树种、树龄以及地区气象因子、降水本身的强度、历时等特性有关。

（三）水体的影响

陆地上的江河、湖泊、水库等水域对降水量的影响，主要是由于水面上方的热力学、动力学条件与陆面上存在差别而引起的。

"雷雨不过江"这句天气谚语，形象地说明了水域对降水的影响。这是由于大水体附近空气对流作用，受到水面风速增大，气流辐散等因素的干扰而被阻，从而影响到当地热雷雨的形成与发展。

根据观测，水域对降水的影响，总体来说是减少降水量，但因季节而有差异。例如，夏季在太湖、巢湖及长江沿岸地带，存在程度不同的少雨区，以南京到扬中平原之间的长江沿岸较为典型，夏季降水量比周围地区少50～60毫米，但冬季则比周围略有增加，增加值不超过10毫米，所以从全年来说还是减少了降水量。

又如，新安江水库建成后，库区北部的年降水量明显减少，每年最大可减少100毫米，估计库区中心可能减少150毫米，占全年降水量的11%左右。但在迎风的库岸地带，当气流自水面吹向陆地时，因地面阻力大，风速减小，加以热力条件不同，容易造成上升运动，促使降水增加。

（四）人类活动的影响

人类对降水的影响一般都是通过改变下垫面条件而间接影响降水，例如，植树造林或大规模砍伐森林、修建水库、灌溉农田、围湖造田、疏干沼泽等，其影响的后果有的是减少降水量，有的增加降水量，影响机理如前所述。

在人工直接控制降水方面，例如，使用飞机、火箭直接行云播雨，或者反之驱散雷雨云，消除雷雹等，虽然这些方法早已得到了实际的运用，但迄今由于耗资过多，只能对局部地区的降水产生影响。

需要着重指出的是，城市对降水的影响。这种影响主要表现为城市的增雨作用，例如，南京市区年降水量比郊区多22.6毫米，而且增加了大雨的机遇，雷暴和降雪的日子亦较多。其具体影响的程度、增雨量的大小，则视城市的规模、工厂的数量、当地气候湿润的程度等情况而定。

下　渗

下渗，水透过地面渗入土壤的过程。水在分子力、毛细管引力和重力的作用下在土壤中发生的物理过程，是径流形成的重要环节。它直接决定地面径流量的生成及其大小，影响土壤水和潜水的增长，从而影响表层流、地下径流的形成及其大小。按水的受力状况和运行特点，下渗过程分为三个阶段：

（1）渗润阶段。水主要受分子力的作用，吸附在土壤颗粒之上，形成薄膜水。

（2）渗漏阶段。下渗的水分在毛细管引力和重力作用下，在土壤颗粒间移动，逐步充填粒间空隙，直到土壤孔隙充满水分。

（3）渗透阶段。土壤孔隙充满水，达到饱和时，水便在重力作用下运动，称饱和水流运动。

下渗状况可用下渗率和下渗能力来定量表示。下渗率指单位面积、单位时间渗入土壤的水量，也称下渗强度；下渗能力指在充分供水和一定土壤类型、一定土壤湿度条件下的最大下渗率。

影响下渗的因素有土壤的物理特性、降雨特性、流域地貌、植被和人类活动等。

下渗可通过野外实验用直接测定法和水文分析法加以测定。

径 流

径流是水循环的基本环节，又是水量平衡的基本要素，它是自然地理环境中最活跃的因素。从狭义的水资源角度来说，在当前的技术经济条件下，径流则是可资长期开发利用的水资源。河川径流的运动变化，又直接影响着防洪、灌溉、航运和发电等工程设施。因而径流是人们最关心的水文现象。

径流的含义及其表示方法

（一）径流的含义与径流组成

流域的降水，由地面与地下汇入河网，流出流域出口断面的水流，称为径流。液态降水形成降雨径流，固态降水则形成冰雪融水径流。由降水到达地面时起，到水流流经出口断面的整个物理过程，称为径流形成过程。降水的形式不同，径流的形成过程也各异。根据形成过程及径流途径不同，河川径流又可由地面径流、地下径流及壤中流（表层流）三种径流组成。

（二）径流的表示方法

1. 流量

流量 Q 指单位时间内通过某一断面的水量，常用单位为立方米/秒。流量随时间的变化过程，可用流量过程线表示。此外，常用的还有日平均流量、月平均流量、年平均流量等指定时段的平均流量。

2. 径流总量

径流总量 W 是指 T 时段内通过某一断面的总水量。常用的单位为立方米。有时也用时段平均流量与时段的乘积表示：$W = QT$

3. 径流深度

径流深度 R 是指将径流总量平铺在整个流域面积上所求得的水层深度，以毫米为单位。若 T 时段内的平均流量为 $\overline{Q}$（立方米/秒），流域面积为 F（平方千米），则径流深度 R（毫米）可由下式计算：$R = \dfrac{\overline{Q}T}{1000F}$

4. 径流模数

径流模数 M 是流域出口断面流量与流域面积 F 的比值。

随着对 Q 赋予的意义不同，如洪峰流量、多年平均流量等。常用单位为升/秒·平方千米，计算式为：$M = \dfrac{1000Q}{F}$

5. 径流系数

径流系数 a 是某一时段的径流深度 R 与相应的降水深度 PR 之比值。计算式为 $a = \dfrac{R}{P}$，因为 $R < P$，故 $a < 1$。

径流的形成过程

径流形成过程是一个极为错综复杂的物理过程，为便于说明，现概述如下：

1. 流域蓄渗过程

降雨初期，除一小部分（一般不超过5%）降落在河槽水面上的雨水直接形成径流外，大部分降水并不立即产生径流，而消耗于植物截留、下渗、填洼与蒸散发。植物截留量与降水量、植被类型及郁闭程度有关。森林茂密的植被，年最大截留量可达年降水量的20%～30%，截留的雨水最终消耗于蒸发。

下渗发生在降雨期间及雨停后地面尚有积水的地方。下渗强度的时空变化很大。在降雨过程中，当降雨强度小于下渗能力时，雨水将全部渗入土壤中。

渗入土中的水首先满足土壤吸收的需要，一部分滞蓄于土壤中，在雨停后耗于蒸发，超出土壤持水力的水将继续向下渗透。当降雨强度大于下渗能力时，超出下渗强度的降雨（也称超渗雨），形成地面积水，蓄积于地面洼地，称为填洼。

地面洼地通常都有一定的面积和蓄水容量，填洼的雨水在雨停后也消耗于蒸发和下渗。平原和坡地流域，地面洼地较多，填洼量可高达100毫米，一般流域的填洼水量约10毫米。随着降雨继续进行，满足填洼后的水开始产生地面径流，在一次降雨过程中，流域上各处的蓄渗量及蓄渗过程的发展是不均匀的，因此，地面径流产生的时间、地方有先有后，先满足蓄渗的地方先产生径流。

流域上继续不断降雨，渗入土壤的水使含水量不断增加。土层中的水达到饱和后，在一定条件下，部分水沿坡地土层侧向流动，形成壤中径流，也称表层径流。

下渗水流达到地下水面后，以地下水的形式沿坡地土层汇入河槽，形成地下径流。因此，流域上的降水，经过蓄渗过程产生了地面径流、壤中径流和地下径流三种。在流域蓄渗过程中，无论是植物截留、下渗、填洼、蒸散发及土壤水的运动，水的运行均受制于垂向运行机制，水的垂向运行过程构成了降雨在流域空间上的再分配，从而构成了流域不同的产流机制，形成了不同径流成分的产流过程。

2. 坡地汇流过程

超渗雨水在坡面上呈片流、细沟流运动的现象，称坡面漫流。满足填洼后的降水开始产生大量的地面径流，它沿坡面流动进入正式的漫流阶段。在漫流过程中，坡面水流一方面继续接受降雨的直接补给而增加地面径流，另一方面又在运行中不断地消耗于下渗和蒸发，使地面径流减少。地面径流的产流过程与坡面汇流过程是相互交织在一起的，前者是后者发生的必要条件，后者是前者的继续和发展。

坡面漫流通常是在蓄渗容易得到满足的地方先发生，例如，透水性较低的地面（包括小部分不透水的地面）或较潮湿的地方（例如河边）等，然后其范围逐渐扩大。坡面水流可能呈紊流或层流，其流态与降雨强度有关，其水的运行受重力和摩阻力所支配，遵循能量守恒和质量守恒规律的侧向运动的水流，可以用水流的运动方程和连续方程来进行描述。坡面漫流的流程一般不超过数百米，历时亦短，故对小流域很重要，而大流域则因历时短而在整个过程中可以忽略。地面径流经过坡面漫流而注入河网，一般说仅在大雨或高强度的降雨后，地面径流才是构成河流流量的主要源流。

壤中流及地下径流也同样具有沿坡地土层的汇流过程。它们都是在有孔介质中的水流运动。由于它们所通过的介质性质不同，所流经的途径各异，沿途所受的阻力也有差别，因此，水的流速不等。壤中流（表层流）主要发生在近似地面透水性较弱的土层中，它是在临时饱和带内的非毛管孔隙中侧向运动的水流，它的运动服从达西定律。

通常壤中流汇流速度比地面径流慢，但比地下径流快得多。壤中流在总径流中的比例与流域土壤和地质条件有关。当表层土层薄而透水性好，下伏有相对不透水层时，可能产生大量的壤中流。

在这种情况下，虽然其流速比地面径流缓慢，如遇中强度暴雨时，壤中流的数量可以增加很多，而成为河流流量的主要组成部分。壤中流与地面径流有时可以相互转化，例如，在坡地上部渗入土中流动的壤中流，可能在坡地下部以地面径流形式汇入河槽，部分地面径流也可能在漫流过程中渗入土壤中流动。故有人将壤中流归到地面径流一类。均匀透水的土壤有利于水渗透到地下水面，形成地下径流。

地下径流运动缓慢，变化亦慢，补给河流的地下径流平稳而持续时间长，构成流量的基流。但地下径流是否完全通过本流域的出口断面流出，取决于地质构造条件。

上述三种径流的汇流过程，构成了坡地汇流的全部内容，就其特性而言，它们之间的量级有大小，过程有缓急，出现时刻有先后，历时有长短之差别。应当指出，对一个具体的流域而言，它们并不一定同时存在于一次径流形成过程中。

在径流形成中，坡地汇流过程起着对各种径流成分在时程上的第一次再分配作用。降雨停止后，坡地汇流仍将持续一定时间。

3. 河网汇流过程

各种径流成分经过坡地汇流注入河网后,沿河网向下游干流出口断面汇集的过程,即河网汇流过程。这一过程自坡地汇流注入河网开始,直至将最后汇入河网的降水输送到出口断面为止。坡地汇流注入河网后,使河网水量增加、水位上涨、流量增大,成为流量过程线的涨洪段。此时,由于河网水位上升速度大于其两岸地下水位的上升速度,当河水与两岸地下水之间有水力联系时,一部分河水补给地下水,增加两岸的地下蓄水量,这称为河岸容蓄。同时,涨洪阶段,出口断面以上坡地汇入河网的总水量必然大于出口断面的流量,因河网本身可以滞蓄一部分水量,称为河网容蓄。

当降水和坡地汇流停止时,河岸和河网容蓄的水达最大值,而河网汇流过程仍在继续进行。当上游补给量小于出口排泄量时,即进入一次洪水过程的退水段。此时,河网蓄水开始消退,流量逐渐减小,水位相应降低,涨洪时容蓄于两岸土层的水量又补充入河网,直到降水在最后排到出口断面为止。此时河槽泄水量与地下水补给量相等,河槽水流趋向稳定。

上述河岸调节及河槽的调节现象,统称为河网调蓄作用。河网调蓄是对净雨量在时程上的又一次再分配,故出口断面的流量过程线比降雨过程线平缓得多。

河网汇流的水分运行过程,是河槽中不稳定水流运动过程,是河道洪水波的形成和运动过程,而河流断面上的水位、流量的变化过程是洪水波通过该断面的直接反映,当洪水波全部通过出口断面时,河槽水位及流量恢复到原有的稳定状态,一次降雨的径流形成过程即告结束。

在径流形成中通常将流域蓄渗过程,到形成地面汇流及早期的表层流过程,称为产流过程,坡地汇流与河网汇流合称为流域汇流过程或汇流过程。

径流形成过程实质上是水在流域的再分配与运行过程。产流过程中水以垂向运行为主,它构成降雨在流域空间上的再分配过程,是构成不同产流机制和形成不同径流成分的基本过程。汇流过程中水以水平侧向运行为主,水平运行机制是构成降雨过程在时程上再分配的过程,是构成流域汇流过程的基本机制。

影响径流的因素

影响径流形成和变化的因素主要有：气候因素、流域下垫面因素和人类活动因素。

1. 气候因素

气候因素包括降水、蒸发、气温、风、湿度等。降水是径流的源泉，径流过程通常是由流域上降水过程转换来的。降水和蒸发的总量、时空分布、变化特性，直接导致径流组成的多样性、径流变化的复杂性。

气温、湿度和风是通过影响蒸发、水汽输送和降水而间接影响径流的。因此，人们称"河流是气候的产物"是不无道理的。关于降水、蒸发、水汽输送等气候因素，降水是产生径流的重要因素，但不是决定径流过程的唯一因素。出口断面流量过程线是流域降水与流域下垫面因素综合作用的直接后果，相同时、空分布的降水，在不同流域所产生的流量过程具有完全不同的特性。

2. 流域下垫面因素

流域下垫面因素包括：地理位置，如纬度、距海远近、面积、形状等；地貌特征，如山地、丘陵、盆地、平原、谷地、湖沼等；地形特征，如高程、坡度、坡向；地质条件，如构造、岩性；植被特征，如类型、分布、水理性质（阻水、吸水、持水、输水性能）等。

上述流域因素在空间上的随机组合，构成了下垫面条件的差异，这种差异足以构成产流方式（指各种径流成分产流机制的组合）及产流条件上的差异。流域中不同产流方式的空间分布及组合，便构成了流域产流机制的定态问题，是一个缓变的因素。

流域也是各种水变化因素作用下的综合体。这些因素是降雨、蒸发、下渗、土壤湿度及地下水位等的时空分布与组合。它们直接导致不同产流模式在时程上的相互转换及产流过程中产流面积在空间上的发展，它们决定了流域产流特征的变化与发展，因而构成了流域产流机制中的动态问题，这是流域产流机制中的另一个核心问题，是一个可以迅速变化的因素。

总之，径流形成过程，除了降雨条件外，另一个重要条件就是流域下垫面。只有当雨水降落在一个流域上，水的运行过程才开始，也只有通过流域的下垫面，各种垂向、侧向的运行过程才能出现，并显示出它们在径流形成中的功能。

　　这种功能首先表现在：同样的降水条件下，不同的下垫面可以具有完全不同的径流效应。通过大量实测资料的综合概括，尽管降水量、强度、历时等降雨特征相同，但在不同下垫面因素组合的山坡小流域中，出现了多种多样的径流过程。其差异主要表现如下：

　　① 流量上，有大有小，各不相同。

　　② 过程形态上，有的陡涨陡落，有的陡涨缓落，有的缓涨缓落。有单峰，有双峰，峰现时间的滞后时间长短也有差别。

　　③ 从径流组成上也有明显的差别。径流由地面径流、壤中流、地下径流所组成。

　　上述径流量和过程形态上的差别，主要是由于不同径流成分及其生成条件所决定的。出现成分、量、形的差异归根结底是由于流域下垫面不同的构成和特性所致。

　　总之，流域具有对降雨再分配的功能。流域对垂向运行的水的再分配，形成了不同径流成分；对侧向运行的水的再分配形成出口断面的流量过程。因此，相对于降水是径流的源泉来说，流域则是径流的发生场和分配场，也是径流形成中的重要因素。

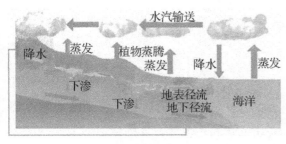

水循环示意图

水循环的类型

　　水循环系统是多环节的庞大动态系统，自然界中的水是通过多种路线实现其循环和相变的。其范围可由地表向上伸展至大气对流层顶以上，地表向下可及的深度平均约 1000 米。全球性的水循环称为大循环，由海洋、陆地和一系列大小区域的水循环所组成。水循环按其发生的空间又可以分为海洋水循环、陆地水循环（包括内陆水循环）。因此，水循环的范围大至全球，小至局部地区。从时间上划分，可以是长时期的平均，也可以是短时段的状况。相应的，研究水循环时，研究的区域可大至全球、某一流域，也可小至某一地域内的土壤或地下含水层内的水循环，时间也可长可短。

水循环还可分为大循环和小循环。从海洋蒸发出来的水蒸气，被气流带到陆地上空，凝结为雨、雪、雹等落到地面，一部分被蒸发返回大气，其余部分成为地面径流或地下径流等，最终回归海洋。这种海洋和陆地之间水的往复运动过程，称为水的大循环。仅在局部地区（陆地或海洋）进行的水循环称为水的小循环。环境中水的循环是大、小循环交织在一起的，并在全球范围内和在地球上各个地区内不停地进行着。

形成水循环的原因

形成水循环的内因是水在通常环境条件下气态、液态、固态易于转化的特性，外因是太阳辐射和重力作用，为水循环提供了水的物理状态变化和运动的能量。地球上的水分布广泛，贮量巨大，是水循环的物质基础。

由于地球上太阳辐射的强度不均匀，不同地区的水循环的情况也就不相同。如在赤道地区太阳辐射强度大，降水量一般比中纬地区多，尤其比高纬地区多。

水循环的动力

水循环的动力来源于太阳。太阳是一个巨大的能源，它不断地向外辐射着能量。这些能量中约有1/（20亿）到达地球，维持着地球上的一切生命活动。

在到达地球的太阳能中，有23%消耗于海洋表面以及陆地水的蒸发上。当蒸发的水汽遇冷凝结时，这些热量又重新被释放出来。由于吸收了太阳的热量，海洋水、陆地水、大气水都在运动着。它们连续不断地改变着自已的形态，变换着位置。

从上面的介绍中可以看出，水的循环包括四个主要环节：蒸发、输送、降水和径流。据科学家们计算，在大气与地表水分的交换过程中，海面上的蒸发量大于降落到海面上的降水量，陆地上的降水量大于蒸发量。在陆地和海洋的交换过程中，海洋上空向陆地输送的水汽要多于陆地上空向海洋回送的水汽。

这样一说，大家可能会产生一个想法：如果长期这样下去的话，海洋会不会逐渐缩小，陆地上的水会不会渐渐多起来？让我们再回过头来，看一看开始你产生的疑问，这两方面是不是相互矛盾？实际上，这是各自看到了问题的一个方面，二者正好是互补的。海洋上空多输送给陆地的水汽，转化为降水，在陆地上通过径流最后同样多地回归到大海。问题的关键在于水循环过程中的蒸发、输送两个环节，是人们所看不到的现象，所以容易被看见的现象所迷惑，只见到天空中不断地降雨、下雪，地面上的河流总在流，原来它们都有充足的供应源地作为后盾啊。难怪天上的水下不完，地下的河流流不干，海洋纳百川，也并非其"胸怀"宽广，而是在众目睽睽之下容纳，静悄悄地转移，而且两者的数量相差无几。

人们研究海洋、大气、陆地之间的水分交换的复杂关系，把水循环分割成三大部分：海洋小循环，陆地小循环和水分大循环。从海洋表面蒸发出来的水汽，在海洋上空成云致雨，又降回海面，这种循环称为海洋小循环。类似地，从陆地表面蒸发出来的水汽，在陆地的上空形成降水，再降落到地面，称为陆地小循环。从海面上蒸发的水汽，有些乘风运移，飘洋过海，在陆地上空形成雨雪，洒向大地，这些地面降水，一部分渗入地下，一部分重又蒸发，还有一大部分汇入江河溪流，经长途运转，重又返回大海，这样构成了海洋—空中—陆地—海洋的水分大循环。

水的循环旅程虽然复杂，但都是重复进行着水循环的基本过程，而且不会出现循环的中断。

水循环能长期地循环下去的根本原因是这种循环遵循着一条这样的规律——水量平衡。所谓水量平衡是指某一区域，在某一时段内，收入的水量与支出的水量之间的差值等于这一时段该区域内储存的水量的变化。举个例子来说，在一个地区，一年的降水量加上通过径流流入的水量为5000立方米，即收入的水量为5000立方米。蒸发、径流流出的水量为4500立方米。由于该区内收入量大于支出量，所以该区储存的水量会增加500立方米。如果考虑相当长的时间段的话，如多年的平均值，那么收入量和支出量是近似相当的。

位于大气中的大气水，位于地球表面上的陆地水和海洋水，位于地壳中的地下水，正是这样通过水的循环，相互紧密地联系起来，并不断得到更新。

影响水循环的因素

自然因素主要有气象条件（大气环流、风向、风速、温度、湿度等）和地理条件（地形、地质、土壤、植被等）。人为因素对水循环也有直接或间接的影响。

人类活动不断改变着自然环境，越来越强烈地影响水循环的过程。人类构筑水库，开凿运河、渠道、河网，以及大量开发利用地下水等，改变了水的原来径流路线，引起水的分布和水的运动状况的变化。农业的发展，森林的破坏，引起蒸发、径流、下渗等过程的变化。城市和工矿区的大气污染和热岛效应也可改变本地区的水循环状况。

环境中许多物质的交换和运动依靠水循环来实现。陆地上每年有 3.6×10^{13} 立方米的水流入海洋，这些水把约 3.6×10^{9} 吨的可溶解物质带入海洋。

人类生产和消费活动排出的污染物通过不同的途径进入水循环。矿物燃料燃烧产生并排入大气的二氧化硫和氮氧化物，进入水循环能形成酸雨，从而把大气污染转变为地面水和土壤的污染。大气中的颗粒物也可通过降水等过程返回地面。土壤和固体废物受降水的冲洗、淋溶等作用，其中的有害物质通过径流、渗透等途径，参加水循环而迁移扩散。人类排放的工业废水和生活污水，使地表水或地下水受到污染，最终使海洋受到污染。

水在循环过程中，沿途挟带的各种有害物质，可由于水的稀释扩散，降低浓度而无害化，这是水的自净作用。但也可能由于水的流动交换而迁移，造成其他地区或更大范围的污染。

水循环的主要作用表现在三个方面：

（1）水是所有营养物质的介质，营养物质的循环和水循化不可分割地联系在一起；

（2）水对物质是很好的溶剂，在生态系统中起着能量传递和利用的作用；

（3）水是地质变化的动因之一，一个地方矿质元素的流失，而另一个地方矿质元素的沉积往往要通过水循环来完成。

地球上的水圈是一个永不停息的动态系统。在太阳辐射和地球引力的推动下，水在水圈内各组成部分之间不停地运动着，构成全球范围的大循环，并把各种水体连接起来，使得各种水体能够长期存在。海洋和陆地之间的水交换是这个循环的主线，意义最重大。在太阳能的作用下，海洋表面的水蒸发到大气中形成水汽，水汽随大气环流运动，一部分进入陆地上空，在一定条件下形成雨雪等降水；大气降水到达地面后转化为地下水、土壤水和地表径流，地下径流和地表径流最终又回到海洋，由此形成淡水的动态循环。这部分水容易被人类社会所利用，具有经济价值，正是我们所说的水资源。

水循环是联系地球各圈和各种水体的"纽带"，是"调节器"，它调节了地球各圈层之间的能量，对冷暖气候变化起到了重要的因素。水循环是"雕塑家"，它通过侵蚀、搬运和堆积，塑造了丰富多彩的地表形象。水循环是"传输带"，它是地表物质迁移的强大动力和主要载体。更重要的是，通过水循环，海洋不断向陆地输送淡水，补充和更新陆地上的淡水资源，从而使水成为了可再生的资源。

当前已经把水循环看作为一个动态有序系统。按系统分析，水循环的每一环节都是系统的组成成分，也是一个亚系统。各个亚系统之间又是以一定的关系互相联系的，这种联系是通过一系列的输入与输出实现的。例如，大气亚系统的输出—降水，会成为陆地流域亚系统的输入，陆地流域亚系统又通过其输出—径流，成为海洋亚系统的输入等。以上的水循环亚系统还可以细分为若干更次一级的系统。

水循环把水圈中的所有水体都联系在一起，它直接涉及自然界中一系列物理的、化学的和生物的过程。水循环对于人类社会及生产活动有着重

135

要的意义。水循环的存在，使人类赖以生存的水资源得到不断更新，成为一种再生资源，可以永久使用；使各个地区的气温、湿度等不断得到调整。此外，人类的活动也在一定的空间和一定范围上影响着水循环。研究水循环与人类的相互作用和相互关系，对于合理开发水资源，管理水资源，并进而改造大自然具有深远的意义。

水循环对地理也有重大的意义：

（1）水在水循环这个庞大的系统中不断运动、转化，使水资源不断更新。

（2）水循环维护全球水的动态平衡。

（3）水循环进行能量交换和物质转移。陆地径流向海洋源源不断地输送泥沙、有机物和盐类；对地表太阳辐射吸收、转化、传输，缓解不同纬度间热量收支不平衡的矛盾。

（4）造成侵蚀、搬运、堆积等外力作用，不断塑造地表形态。

（5）水循环可以对土壤的品质产生影响。

水量平衡

水量平衡的概念

所谓水量平衡，是指任意选择的区域（或水体），在任意时段内，其收入的水量与支出的水量之间差额必等于该时段区域（或水体）内蓄水的变化量，即水在循环过程中，从总体上说收支平衡。

水量平衡概念是建立在现今的宇宙背景下的。地球上的总水量接近于一个常数，自然界的水循环持续不断，并具有相对稳定性这一客观的现实基础之上的。

从本质上说，水量平衡是质量守恒原理在水循环过程中的具体体现，也是地球上水循环能够持续不断进行下去的基本前提。

一旦水量平衡失控，水循环中某一环节就要发生断裂，整个水循环亦将不复存在。反之，如果自然界根本不存在水循环现象，亦就无所谓平衡了。因而，两者密切不可分。水循环是地球上客观存在的自然现象，水量平衡是水循环内在的规律。

研究意义

水量平衡研究是研究和解决一系列实际问题的手段和方法。因而具有十分重要的理论意义和实际应用价值。

首先，通过水量平衡的研究，可以定量地揭示水循环过程与全球地理环境、自然生态系统之间的相互联系、相互制约的关系；揭示水循环过程对人类社会的深刻影响，以及人类活动对水循环过程的消极影响和积极控制的效果。

其次，水量平衡又是研究水循环系统内在结构和运行机制，分析系统内蒸发、降水及径流等各个环节相互之间的内在联系，揭示自然界水文过程基本规律的主要方法是人们认识和掌握河流、湖泊、海洋、地下水等各种水体的基本特征、空间分布、时间变化，以及今后发展趋势的重要手段。通过水量平衡分析，还能对水文测验站网的布局，观测资料的代表性、精度及其系统误差等作出判断，并加以改进。

第三，水量平衡分析又是水资源现状评价与供需预测研究工作的核心。从降水、蒸发、径流等基本资料的代表性分析开始，到进行径流还原计算，到研究大气降水、地表水、土壤水、地下水等四水转换的关系，以及区域水资源总量评价，基本上都是根据水量平衡原理进行的。

水资源开发利用现状以及未来供需平衡计算，更是围绕着用水，需水与供水之间能否平衡的研究展开的，所以水量平衡分析是水资源研究的基础。

第四，在流域规划、水资源工程系统规划与设计工作中，同样离不开水量平衡工作，它不仅为工程规划提供基本设计参数，而且可以用来评价工程建成以后可能产生的实际效益。

此外，在水资源工程正式投入运行后，水量平衡方法又往往是合理处理各部门不同用水需要，进行合理调度，科学管理，充分发挥工程效益的重要手段。

地壳物质循环

地壳物质循环概述

地壳物质循环指的是地壳运动、板块构造运动、岩浆活动等地质作用生成新的岩石，并隆起高山使地面和洋底凹凸不平。而物理、化学和生物的地质作用以及水流、冰川和风的地质作用使岩石风化、破碎、溶解并搬运到盆地沉积，起到削高补

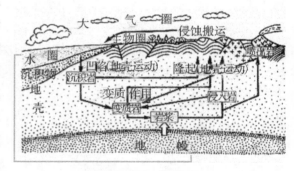

地壳物质循环示意图

低的作用。而大洋盆地是地球上的最低点，陆地上的物质原则上都要回到洋底去，并在洋底沉积为岩石（包括化学沉积、生物沉积和固体碎屑沉积）。最后随着板块运动回到地幔中消亡。这就是地壳物质循环。

地壳的形成

地球在诞生的时候并没有地壳，由于当时离太阳比现在近得多，整个地球被太阳的高热光线照射而处于熔融状态，后来由于在绕太阳公转所产生的离心力作用下地球逐渐远离太阳，地球表面逐渐降温并开始凝固，加

上各种天外来物降落在地球表面逐渐衍变成现在的地壳。正因为地壳是这样形成的，所以可以理解为现在的地壳是漂浮在地幔上，才有了现在的各种地壳运动。

原始地球是均匀的固体，它刚刚从炽热的状态冷却下来。然而，"树欲静而风不止"，冷却的地球又面临熔融的时刻。导致地球再次熔融的热量，主要来自天空中落下来的微星体。巨大的行星引力往往很大，吸引在太阳系中游荡的微小星体，上演着大鱼吃小鱼的故事。尘埃和碎块受到地球的吸引，撞击到地球的表面，动能转化为热能，使地球的表层温度上升。同时，地球由于整体的收缩，地球内部密度越来越大，压力也增加，导致地球内部温度增高。而地球本身含有的一些放射性元素，比如铀，衰变时放出热量，长期积累，能量也相当可观。

三股热流在地球体内涌动，使刚刚固化不久的地球再次熔化，温度达到1000℃甚至更高。在地下400~800千米处，温度甚至超过了铁的熔点。固体岩石中的铁、镍等金属率先熔化，由于这些元素的密度很大，在重力的作用下，铁、镍形成熔滴，向地心下沉，最终在地心形成了铁镍成分的地核；那些比较轻的岩石物质，比如硅、铝、镁等，向上浮到地表一带，冷却后形成了地壳。在地壳和地核之间的物质形成了地幔。

热量的散失再次让地球凝固，至少在表面完全是固体岩石的天下。今天的地球，正在逐渐变得火热，还是冰冷呢？我们知道，由于大气中二氧化碳的增多，温室效应使地球变暖。不过人们常说的地球变暖，主要指地球的大气层而言。对于整个地球，尤其是固体的球体而言，虽然天空中不再有微星空袭，地球也不再收缩，但是放射性元素衰变是长期的，从地球诞生之日一直到今天。有人做过计算，目前从地球内部流出地面的地热能散失，在10亿年内将使地球的温度降低100℃；而放射性元素衰变产生的热能积聚，可以使地球在10亿年中温度上升200℃。简单地进行抵消计算，地球内部的温度应该是正在增加。古人有"杞人忧天"，害怕天塌下来；今天的我们不必"杞人忧地"，担心大地会熔化。因为温度的上升是极其缓慢的，每上升1℃，都要度过上千万年的光阴。而且地球岩石的导热性很差，热量传到地表又要很长的时间。

地壳运动概述

由内引力引起地壳结构改变、地壳内部物质变位的构造运动叫地壳运动。地球表层相对于地球本体的运动。通常所说的地壳运动，实际上是指岩石圈相对于软流圈以下的地球内部的运动。岩石圈下面有一层容易发生塑性变形的较软的地层，同硬壳状表层不相同，这就是软流圈。软流圈之上的硬壳状表层包括地壳和上地幔顶部。地壳同上地幔顶部紧密结合形成岩石圈，可以在软流圈之上运动。

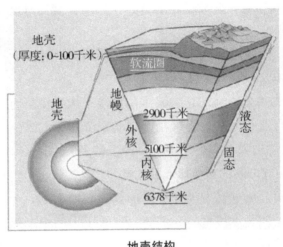

地壳结构

在地球的内力和外力作用下地壳经常所处的运动状态。地球表面上存在着各种地壳运动的遗迹，如断层、褶皱、高山、盆地、火山、岛弧、洋脊、海沟等；同时，地壳还在不断地运动中，如大陆漂移、地面上升和沉降以及地震都是这种运动的反映。地壳运动与地球内部物质的运动紧密相联，它们可以导致地球重力场和地磁场的改变，因而研究地壳运动将可提供地球内部组成、结构、状态以及演化历史的种种信息。测量地壳运动的形变速率，对于估计工程建筑的稳定性、探讨地震预测等都是很重要的手段，对于反演地应力场也是一个重要依据。

对缓慢的地壳运动，可根据地质学（地层学、古生物学、构造地质学等）、地貌学和古地磁学的考察，参考古天文学、古气候学的资料，进行综合分析判定。例如，大陆漂移学说是从古生物学、古气候学找到迹象，又通过古磁极的迁移得以确立的。现在根据同位素年龄的测定和岩石磁化反向的分析，可以进一步认识地壳运动的演化。

对于现代地壳运动，一般采用重复大地测量的方法，如用重复水准测量来研究垂直运动；用三角测量或三边测量的复测来研究水平运动；用安放在活动断层上的蠕变计、倾斜仪和伸长仪等做定点连续观测来监视断层的运动。

20 世纪 70 年代后期，进而利用空间测量技术（激光测月、人造卫星激光测距和甚长基线干涉测量等）监测不同板块上相距上千千米的两点间的相对位移（精度可达 2～3 厘米），用以测定板块之间的运动。除此以外，还可以利用海岸线的变迁、验潮站关于海水涨落的记录等，推断现代地面的升降运动。

地 壳 运 动 的 分 类

按运动方向可分为水平运动和垂直运动。水平运动指组成地壳的岩层，沿平行于地球表面方向的运动，也称造山运动或褶皱运动。该种运动常常可以形成巨大的褶皱山系，以及巨形凹陷、岛弧、海沟等。

传统地质学最早发现了地球表层的垂直升降运动，证据是在高山上发现海相的沉积岩，并且有海中特有的贝类化石。这表明某些大陆地区的地壳在过去的地质年代中曾经是海洋。地质学中有所谓海进和海退之说，表明局部地壳是有升降变化的。但是传统地质学否认地球表层曾有过大范围的水平运动。

20 世纪 60 年代以后总结了一系列的地学研究成果，证明地球表层在地球的历史中曾经有过大规模的水平位移，各大陆的相对位置曾有过显著的变化。最主要的证据是：①全球地震带勾画出六大板块的轮廓，证明地球表层的岩石圈不是完整的一块。②古地磁学的研究表明，由各大陆岩石磁性所得到的古地磁极位置不相重合，而根据各大陆不同地质年代的岩石磁性所绘制的极移曲线，在近代趋向重合于今地磁极位置。③大洋中脊两侧的磁异常条带，表明海底地壳在不断从中脊向两侧扩张，各板块所负载的大陆岩石圈随之发生水平漂移。

垂直运动，又称升降运动、造陆运动，它使岩层表现为隆起和相邻区

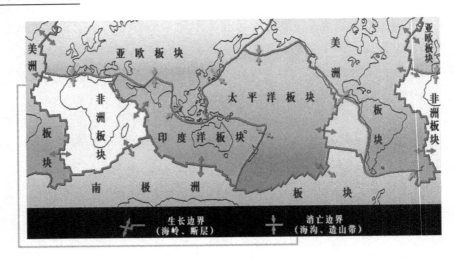

地球六大板块示意图

的下降，可形成高原、断块山及坳陷、盆地和平原，还可引起海侵和海退，使海陆变迁。地壳运动控制着地球表面的海陆分布，影响各种地质作用的发生和发展，形成各种构造形态，改变岩层的原始状态，所以也有人把地壳运动称构造运动。

　　由于六大板块和其他小板块的互相镶嵌式拼合，板块的水平向移动必然在板块边界和板块内部产生次生的竖直向运动：①板块消减带上海洋板块向地幔中以一定倾角下沉；②相邻的大陆板块边缘受消减运动的影响有牵连地下沉，地震时产生回跳；③大陆内部由于横向的推挤压力产生地壳的抬升或岩石圈的加厚，地质上产生岩层的褶皱，形成山脉和河谷。

　　另外，由于地幔物质的上涌在某些地区的岩石圈中可能产生拉伸的张应力，形成张性的裂谷或断陷盆地。从地壳均衡的角度说，地球表层的竖直向运动从根本上还受着地球重力的制约。

　　按运动规律来讲，地壳运动以水平运动为主，有些升降运动是水平运动派生出来的一种现象。

　　地壳运动按运动的速度可分为两类：①长期缓慢的构造运动。例如大陆和海洋的形成，古大陆的分裂和漂移，形成山脉和盆地的造山运动，以及地球自转速率和地球扁率的长期变化等，它们经历的时间范围以百万年计。另如冰期消失、地面冰块融化引起的地面升降，也属以万年计的缓慢运动。②较快速的运动。这种运动以年或小时为计算单位，如地极的张德勒摆动，能引起地壳的微小变形；日、月引潮力不但造成海水涨落，也使固体地球部分形成固体潮，一昼夜地面最大可有几十厘米的起伏；较大的地震可引起地球自由振荡，它既有径向的振动，也有切向的扭转振动。

地壳运动的遗迹

自地球诞生以来，地壳其实就在不停地运动，既有水平运动，也有垂直运动。地壳运动造就了地表千变万化的地貌形态，主宰着海陆的变迁。人们可用大地测量的方法证明地壳运动。例如，人们测出格林尼治和华盛顿两地距离每年缩短 0.7 米，像这样发展下去，1 亿年之后，大西洋就会消失，欧亚大陆就会和美洲大陆相遇。化石也是地壳运动的证据。在喜马拉雅山的岩层里，找到了许多古海洋生物化石，如三叶虫、笔石、珊瑚等，说明这里曾经是汪洋大海。

文化遗迹也是很好的证据。意大利波舍里城一座古庙的大理石柱离地面 4~7 米处，有海生贝壳动物蛀蚀的痕迹，可见该庙自建成以后曾一度下沉被海水淹没，以后又随陆地上升露出了水面。另外，火山、地震、地貌及古地磁研究等都能提供大量的地壳运动的证据。地壳运动引起的地壳变形变位，常常被保留在地壳岩层中，成为地壳运动的证据。在山区，我们经常可以看到裸露地表的岩层，它们有的是倾斜弯曲的，有的是断裂错开的，这些都是地壳运动的"足迹"，称为地质构造。形成的地貌，称为构造地貌。

褶皱

当岩层受到地壳运动产生的强大挤压作用时，便会发生弯曲变形，这叫做褶皱。地壳发生褶皱隆起，常常形成山脉。世界许多高大的山脉，如喜马拉雅山、阿尔卑斯山、安第斯山等，都是褶皱山脉。它们是由地壳板块相互碰撞、挤压，在板块交界处发生大规模褶皱隆起而形成的。褶皱的基本类型是背斜与向斜。背斜在形态上是向上拱的弯曲，中心部分为老地层，两翼岩层依次渐新。向斜是中部向下弯曲，中心部分为新地层，两翼岩层依次渐老。褶皱中，背斜与向斜常常是并存相依的。当然，背斜的上拱，向斜的下凹，并不一定与地形的高低一致，背斜可以形成山，也可以是低地；向斜可以是低地，但也可以构成山岭。

褶　皱

144

褶皱有背斜和向斜两种基本形态。背斜岩层一般向上拱起，向斜岩层一般向下弯曲。在地貌上，背斜常成为山岭，向斜常成为谷地或盆地。但是，不少褶皱构造的背斜顶部因受张力，容易被侵蚀成谷地，而向斜槽部受到挤压，岩性坚硬不易被侵蚀，反而成为山岭。

断　层

断层

地壳运动产生的强大压力或张力，超过了岩石所能承受的程度，岩体就会破裂。岩体发生破裂，并且沿断裂面两侧岩块有明显的错动、位移，这叫做断层。断层的规模大小不等，大者沿走向延伸可达上百万米，向下可切穿地壳，常由许多断层组成，称为断裂带。小者位移仅几厘米。被错开的两部分岩石沿之滑动的破裂面叫做断层面，断层面可成水平的、倾斜的或直立的，以倾斜的最多。

断层面两侧相对移动的岩块称为断盘。断层面是倾斜面时，断层面以上的断块叫上盘，断层面以下的断块叫下盘。断盘沿断裂面相对错开的距离叫断距。上盘相对下降，下盘相对上升的断层为正断层；上盘相对而言上升，下盘相对而言下降的断层为逆断层；两盘沿断层面走向相对水平移动的断层为平移断层。

在地貌上，大的断层常常形成裂谷或陡崖，如著名的东非大裂谷、我国华山北坡大断崖等。断层一侧上升的岩块，常成为块状山地或高地，如我国的华山、庐山、泰山；另一侧相对下沉的岩块，则常形成谷地或低地，如我国的渭河平原、汾河谷地。在断层构造地带，由于岩石破碎，易受风化侵蚀，常常发育成沟谷、河流。

了解地质构造规律，对于找矿、找水、工程建设等有很大帮助。例如，含石油、天然气的岩层，背斜是良好的储油构造；向斜构造盆地，利于储存地下水，常形成自流盆地。在工程建设方面，如隧道工程通过断层时必须采取相应的工程加固措施，以免发生崩塌；水库等大型工程选址，应避开断层带，以免诱发断层活动，产生地震、滑坡、渗漏等不良后果。

地壳运动的学说

收缩说

核心思想：地球最初是熔融体，逐渐冷却。冷却是从外表开始的。地壳最先冷却形成，而后地球内部逐渐冷却收缩后，体积变小，这时地壳就显得过大而发生褶皱（如同干苹果一样，外皮皱）。存在问题：按这种理论，地壳上的褶皱分布应是随机的，但实际上褶皱的分布有一定的规律。尤其是放射性元素的发现，说明地球并非由热变冷却。否定了收缩论的观点。

膨胀说

核心思想：地球曾有很高温的时期，同时在地壳下部有一个膨胀层，由于膨胀层受热膨胀，使地壳裂开，解释了一些深大断裂、洋脊、裂谷的成因。存在问题：无法解释大规模挤压褶皱，逆掩断层的形成。而且膨胀性应具有宇宙性，其他星球尚无发现。

脉动说

核心思想：由于地球内部冷热交替，导致地壳周期性的振荡运动（脉动）受热隆起，冷却地区凹陷。存在问题：忽视了水平运动。同时没有冷、热交替的证据。

地球自转速度变化说

李四光提出：地球自转速度的变化是导致地壳运动的重要原因。核心思想：地质构造可分为走向东西向的纬向构造带、走向南北向的经向构造带。当地球自转加快时，由于离心力作用，地壳物质向赤道集中，相当于受到南北向的挤压，形成纬向（东西向）构造带。相反地球自转减慢时，地壳物质从赤道向两极扩散，形成经向（南北向）构造带。

地幔对流说

板块构造理论所倡导的，最早由英国的霍尔姆斯提出。核心思想：地幔物质热对流，带动驮在其上的岩石圈水平运动。存在问题：地幔物质能否热对流？对流的范围和规模有多大？

简而言之，这些观点只分析到了部分情况并没能分析到全部。以上这些观点长期共存正说明了一个问题，那就是人类没有找到真正的造山运动和海底扩张的原因。如果找到了，就不可能有多个相互矛盾的理论共存。

地壳运动的产物——火山

火山的成因

板块构造学说主张板块的运动，是由于地球内部软流圈的热对流造成的。而当板块互相推挤，密度较大的一边会下降到另一边下方，称作隐没，而发生隐没的带状地区称为隐没带或聚合性板块交界。地底的高温会将隐没的板块熔融，形成岩浆。岩浆借由浮力缓缓上升，最后聚集成为岩浆库，就是火山底部储存岩浆的场所。而当岩浆中的气体压力累积到一个程度，火山就爆发了。例如：环太平洋地区的火山，大多为此种火山。

有些火山分布在板块的张裂性交界上，也就是两个板块分离的带状地区。在这种地区，高温的地函物质会上升，形成海底火山山脉，称作中洋脊。

热点的移动形成火山岛链。还有一些火山并不位于板块的交接处，例如美国黄石复式破火山口及夏威夷群岛。火山学家称这些火山是坐落于"热点"上。目前热点的作用机制尚不清楚，但科学家普遍认同热点是由地函底部上升的"热柱"造成。当板块在热点上做水平

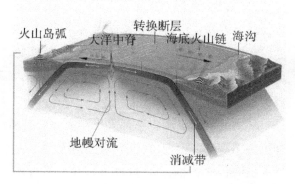

中洋脊

移动时，便有一连串的火山生成。这样作用连续发生后，会造成一系列的火山岛群，而离热点越远的火山其生成年代越老。

火山的分布

全世界有 516 座活火山，其中 69 座是海底火山，以太平洋地区最多。活火山主要分布在环太平洋火山带、地中海—印度尼西亚火山带、大洋中脊火山带和东非火山带。中国境内的新生代火山锥约有 900 座，以东北和内蒙古的数量最多，有 600～700 座。最近一次喷发的火山是位于新疆于田县的卡尔达的火山。火山的分布受控于全球板块构造。

板块构造理论建立以来，很多学者根据板块理论建立了全球火山模式，认为大多数火山都分布在板块边界上，少数火山分布在板内，前者构成了

四大火山带，即环太平洋火山带、大洋中脊火山带、东非裂谷火山带和阿尔卑斯—喜马拉雅火山带。板块学说在火山研究中的意义在于它能把很多看来是彼此孤立的现象，联结为一个有机的整体，但以这个学说建立的火山活动模式也并不是十分完美的，如环大西洋为什么就没有火山带；板内火山不在板块边界上，用地幔柱解释它的成因似乎依据也不够充分。近来又有学者提出两极挤压说，揭开了地球发展的奥秘，他认为在两极挤压力作用下，地球赤道轴扩张形成经向张裂和纬向挤压，全球火山主要分布在经向和纬向构造带内。

（1）环太平洋火山带

环太平洋火山带，南起南美洲的科迪勒拉山脉，转向西北的阿留申群岛、堪察加半岛，向西南延续的是千岛群岛、日本列岛、琉球群岛、台湾岛、菲律宾群岛以及印度尼西亚群岛，全长4万余千米，呈一向南开口的环形构造系。

环太平洋火山带也称环太平洋火环，有活火山512座，其中南美洲科迪勒拉山系安第斯山南段的30余座活火山，北段有16座活火山，中段尤耶亚科火山海拔6723米，是世界上最高的活火山。再向北为加勒比海地区，沿太平洋沿岸分布着著名的火山有奇里基火山、伊拉苏火山、圣阿纳火山和塔胡木耳科火山。北美洲有活火山90余座，著名的有圣海伦斯火山、拉森火山、雷尼尔火山、沙斯塔火山、胡德火山和散福德火山。在阿留申群岛上最著名的是卡特迈火山和伊利亚姆纳火山。在堪察加半岛上有经常活动的克留契夫火山。分布在日本列岛上的著名火山，如浅间山、岩手山、十胜岳、阿苏山和三原山都是多次喷发的活火山。琉球群岛至台湾岛有众多的火山岛屿，如赤尾屿、钓鱼岛、彭佳屿、澎湖岛、七星岩、兰屿和火烧岛等，都是新生代以来形成的火山岛。火山活动最活跃的可算菲律宾至印度尼西亚群岛的火山，如喀拉喀托火山、皮纳图博火山、塔匀火山、坦博拉火山和小安的列斯群岛的培雷火山等，近代曾发生过多次喷发。

环太平洋带火山活动频繁，据历史资料记载全球现代喷发的火山这里占80%，主要发生在北美、堪察加半岛、日本、菲律宾和印度尼西亚。印度尼西亚被称为"火山之国"，南部包括苏门答腊、爪哇诸岛构成的弧—海沟系，火山近400座，其中129座是活火山，这里仅1966～1970年5年间，就有22座火山喷发，此外海底火山喷发也经常发生，致使一些新的火山岛屿露出海面。

环太平洋火山带的火山岩主要是中性岩浆喷发的产物，形成了钙碱性系列的岩石，最常见的火山岩类型是安山岩，距海沟轴150～300千米的陆地内，安山岩平行于海沟呈弧形分布，即成所谓的"安山岩线"。另一特点是，自海沟向陆地方向岩石有明显的水平分带性，一般随与海沟距离的增大，依次分布为拉斑系列岩石、钙碱性系列岩石和碱性系列的岩石。这里的火山多为中心式喷发，火山爆发强度较大，如果发生在人口稠密区，则往往造成严重的火山灾害。

（2）大西洋海底隆起火山带（洋脊火山带）

大洋中脊也称大洋裂谷，它在全球呈"W"形展布，从北极盆穿过冰岛，到南大西洋，这一段是等分了大西洋壳，并和两岸海岸线平行。向南绕非洲的南端转向NE与印度洋中脊相接。印度洋中脊向北延伸到非洲大陆北端与东非裂谷相接。向南绕澳大利亚东部去，与太平洋中脊南端相边，太平洋中脊偏向太平洋东部，向北延伸又进入北极区海域，整个大洋中脊构成了"W"形图案，成为全球性的大洋裂谷，总长8万余千米。大洋裂谷中部多为隆起的海岭，比两侧海原高出2～3千米，故称其为大洋中脊，在海岭中央又多有宽20～30千米、深1～2千米的地堑，所以又称其为大洋裂谷。大洋内的火山就集中分布在大洋裂谷带上，人们称其为大洋中脊火山带。根据洋底岩石年龄测定，说明大洋裂谷形成较早，但张裂扩大和激烈活动是在中生代到新生代，尤其第四纪以来更为活跃，突出表现在火山活动上。

大洋中脊火山带火山的分布也是不均匀的，多集中于大西洋裂谷，北起格陵兰岛，经冰岛、亚速尔群岛至佛得角群岛，该段长达1万余千米，海岭由玄武岩组成，是沿大洋裂谷火山喷发的产物。由于火山多为海底喷发，不易被人们发现，据有关资料记载，大西洋中脊仅有60余座活火山。冰岛位于大西洋中脊，冰岛上的火山我们可以直接观察到，岛上有200多座火山，其中活火山30余座，人们称其为火山岛。据地质学家S. Thorarinsson（1960）统计，在近1000年内，发生了200多次火山喷发，平均5年喷发一次。著名的活火山有海克拉火山，从 1104 年以来有过 20 多次大的喷发。拉基火山于 1783 年的一次喷发为人们所目睹，从 25 千米长的裂缝里溢出的熔岩达 12 千米以上，熔岩流覆盖面积约 565 平方千米，熔岩流长达 70 多千米，造成了重大灾害。1963 年在冰岛南部海域火山喷发，这次喷发一直延续到 1967 年，产生了一个新的岛屿——苏特塞火山岛，高出海面约 150 米，面积 2.8 平方千米。6 年之后，在该岛东北 32 千米处的韦斯特曼纳群岛的海迈岛火山又有一次较大的喷发。这些火山的喷发，反映了在大西洋裂谷火山喷发的特点。

在太平洋中脊，于南纬 6～14 度的太平洋东隆的轴部，新生代以来的裂隙喷发，形成了宽 40～60 千米、长 800 千米的玄武岩台地，发现的活火山仅有 14 座，其活动强度与频度都不如大西洋裂谷火山带。

在印度洋，据查有三列走向近平行的海底山脉，即海岭，仅有部分火山露出海面而成火山岛屿，如塞舌尔群岛和马尔克林群岛，它们都是现代海底火山喷发形成的。

在大洋中脊以外，仅有一些零散火山分布，它们是以火山岛屿的形式出现，如太平洋海底火山喷发形成的岛屿有夏威夷群岛，即通常所说的夏威夷——中途岛的火山链，有关岛、塞班岛、提尼安岛、帕劳群岛、俾斯麦群岛、所罗门群岛、新赫布里底群岛及萨摩亚群岛等。在大西洋，如圣赫勒拿岛、阿森松岛、特里斯坦—达库尼亚群岛也都是一些火山岛，南极洲的罗斯海中的埃里伯斯火山也属该种类型。这些火山岛屿都由玄武岩构成，与大洋裂谷带内的火山岩基本相同。

（3）东非火山带

东非裂谷是大陆最大裂谷带，分为两支：裂谷带东支南起希雷河河口，经马拉维肖，向北纵贯东非高原中部和埃塞俄比亚中部，至红海北端，长约 5800 千米，再往北与西亚的约旦河谷相接；西支南起马拉维湖西北端，经坦喀噶尼喀湖、基伍湖、爱德华湖、阿尔伯特湖，至阿伯特尼罗河谷，长约 1700 千米。裂谷带一般深达 1000～2000 米，宽 30～300 千米，形成一系列狭长而深陷的谷地和湖泊，如埃塞俄比亚高原东侧大裂谷带中的阿萨尔湖，湖面在海平面以下 150 米，是非洲陆地上的最低点。

自中生代裂谷形成以来，火山活动频繁，尤其晚新生代以来更为盛行，据统计，非洲有活火山30余座，多分布在裂谷的断裂附近，有的也分布在裂谷边缘百千米以外，如肯尼亚山、乞力马扎罗山和埃尔贡山，它们的喷发同裂谷活动也密切相关。东非裂谷火山带火山喷发类型有2种，一种是裂隙式喷发，主要发生在埃塞俄比亚裂谷系两侧，形成了玄武岩熔岩高原（台地），占埃塞俄比亚全国面积的2/3，熔岩厚达4000米，它是30万～50万年以来上百次玄武岩浆沿裂隙溢流形成的。在肯尼亚西北部，也形成了厚达1000米的熔岩台地，其形成时间晚于埃塞俄比亚的熔岩台地，形成于14万～23万年间，在更晚些时候形成的是响岩，在11万～13万年间形成了长达300千米的熔岩台地。第二种是中心式喷发，多分布在裂谷带的边缘，主要的活火山有扎伊尔的尼拉贡戈山、尼亚马拉基拉山、肯尼亚的特列基火山、莫桑比克的兰埃山和埃塞俄比亚的埃特尔火山等。有的火山喷发只生成了爆裂火口，或成火口洼地，或是火口湖，如恩戈罗恩戈罗（坦桑）火口洼地直径达19千米，面积304平方千米。

　　现代火山活动中心集中在三个地区，一是乌干达—卢旺达—扎伊尔边界的西裂谷系，自1912～1977年就有过13次火山喷发，尼拉贡戈火山至今仍在活动；二是埃塞俄比亚阿费尔（阿曼）凹陷的埃尔塔火山和阿夫代拉火山，自1960～1977年曾发生过多次喷发；三是坦桑尼亚纳特龙（坦桑）湖南部的格高雷裂谷上的伦盖（坦桑）火山，自1954～1966年曾有过多次喷发，喷出岩为碳酸盐岩类，有较高含量的碳酸钠，为世界所罕见。位于肯尼图尔卡纳湖南端的特雷基火山在20世纪80～90年代也曾多次喷发。现代火山活动区，温泉广泛发育，火山喷气活动明显，多为水蒸气和含硫气体，这是火山现今的活动迹象。

　　（4）地中海—印度尼西亚火山带

　　此火山带也可分为地中海火山带和苏门答腊岛—爪哇岛火山带。这一带共有活火山70余座，其中地中海沿岸有13座，印度尼西亚有60余座。这一火山带喷发的岩浆性质从基性到酸性都有，不同的火山表现不同，同一火山不同喷发阶段也有变化。

火山的喷发

火山喷发是指火山从地面下经由一个通道，将气体、碎屑或岩浆喷出地表的过程。通常包括三个阶段：岩浆形成及初步上升、进入岩浆库（岩浆的储存处）及喷发。

火山喷发

一些火山学家认为，一座火山的喷发可以分为：

（1）喷发脉波：一次持续数秒至数分钟的喷发。

（2）喷发阶段：一次强烈的喷发脉波又引起了数次的喷发脉波。

（3）一次喷发：由数个喷发阶段组成，持续时间由数天到数年不等，而史密森学会的另一种分法，是以每两次喷发之间的静止期间来界定一次完整的喷发。两次喷发之间的间隔若超过 3 个月，那这两次喷发就分属于两次不同的喷发。

火山喷发条件：一个地方能否形成火山主要在于是否具备以下条件：

（1）部分熔融体的形成，必须有较高的地热（自身积累的或外边界条件产生的），或隆起减压过程，或脱水而减低固相线。

（2）岩浆在地壳中的富集，或岩浆囊形成的位置与中性浮力面的深度有关，而中性浮力面的深度又与地壳流变学间断面有关。

（3）岩浆囊中的物理化学过程，主要是结晶体、挥发物与流体的份额与相互作用，岩浆喷发起着促使、或抑制作用。地壳岩浆囊的存在起着拦截、改造地幔升上的岩浆的作用。它也是形成爆炸式火山喷发的重要条件。

（4）岩浆囊的存在对岩浆通道的形成有促进作用，而构造活动产生的引张应力场是形成岩浆通道的主要原因。

（5）岩浆离开岩浆囊后的上升受到压力梯度与浮力的双重驱动。

火山的活跃程度可以大致分为三种：活火山（地底岩浆库存在且正在

活动）、休火山（地底岩浆库存在但暂不活动，也称睡火山）及死火山（地底岩浆库已不存在，已无任何活动）。火山学家目前对如何界定以上三种火山尚无结论。因为火山的活跃周期非常不固定，短至数天，长至数百万年。而且有些火山只有非爆发性的活动，例如地震、气体溢散等。

火山的喷发类型是帮火山分类的其中一种方式，这会影响火山的形状。1908 年，阿尔弗莱德·拉克鲁瓦将火山的喷发分为四种类型：夏威夷式、史冲包连式、伏尔坎宁式及培雷式。而后学者又增加两类：冰岛式（Icelandic，或称苏特塞式）及普林尼式。以上六种喷发形式为现今之分类方式，这些分类皆以其代表火山命名。但这仍不是最完善的分类方式，实际调查显示，一座火山即使以某一种类型为主，并不代表它不会出现其他种类的喷发。

（1）夏威夷式火山的喷发物为大量基性熔岩流，岩浆黏度小，流动性大，故爆裂较少。熔岩通常从火山口和山腰裂隙溢出，气体释放量不定。由于喷发时岩浆受到压力作用，到达地表时会形成熔岩喷泉。夏威夷式喷发通常会形成火红的"熔岩河"，熔岩往往是多次溢流，而且有许多裂隙作为通道。最后通常形成平坦的熔岩穹丘。1942 年夏威夷的冒纳罗亚火山（MaunaLoa）的爆发为此种火山之范例。该种火山的喷发，可大略分为三个阶段：①熔岩喷出期：第一阶段，共持续数小时，熔岩流堆积形成薄层的熔岩流或低丘。②熔岩漫流期：火山口中仍陆续有熔岩流出，使熔岩层及低丘继续加厚。③喷气期：只有气体出现，数量亦锐减。火山喷发已接近尾声。

（2）史冲包连式的喷发是以意大利的史冲包连火山（史汤玻利火山）为范本。其喷发特征为炽热的熔岩"喷泉"，其熔岩的黏性比夏威夷式要大，喷发时通常伴随着白色蒸气云。熔岩流厚而短，组成为玄武岩与安山岩。此种火山不断喷出红热的火山渣、火山砾和火山弹，爆炸较为温和。大部分的火山碎屑又落回火口，再次被喷出，其他的落到火山锥形成的坡上并滚下山坡。

意大利的史冲包连火山类型的喷发基本上不会有人员伤亡，但会造成农田村庄的损坏及财产损失。

（3）伏尔坎宁式的喷发是以意大利的伏尔坎宁火山为范本。这种形式

153

的火山喷发出的熔岩，较史冲包连式火山的熔岩黏度更大，喷发更为猛烈。不喷发时，熔岩在岩浆库的出口处堆积，形成厚重的凝结外壳，气体会在其下聚集。当气体的压力增大到某个极限时，会发生猛烈的爆炸（有时足以摧毁一部分火山锥）。这个爆炸使阻塞物被炸开，一些碎片和熔岩组成的火山弹和火山渣会被喷出。同时会伴随含火山灰的"花椰菜状"喷发云，这种乌云在黑夜中非常黑暗。当火山口的"阻塞物"都被喷出后，就会有熔岩流从火山口或火山锥侧缘的裂隙中涌出。

（4）培雷式喷发的范本是西印度群岛马丁尼克岛的培雷火山，在1902年的喷发。培雷式喷发的岩浆黏度很高，爆炸特别强烈。明显的特征为炽热的火山碎屑流，一种温度非常高的气体，夹杂大量的碎屑及岩石，沿着山坡向下移动，产生类似台风的破坏。

（5）普林尼式喷发是目前已知最猛烈的喷发形态。尽管与培雷式喷发有些类似，但它们是不同的。普林尼式喷发有两个最主要的特征，一是非常强烈的气体喷发（产生数十千米高的烟柱），二是喷发会伴随大量浮石的生成。普林尼式喷发的岩浆黏度非常高，火山碎屑物通常占总喷出物的90%以上。喷出物以浮石、火山灰为主，分布区域广大。喷发烟柱因重力牵引下降时形成大规模的火山碎屑流，仅喷出极少量的熔岩。由于爆发强烈及物质大量抛出，常形成锥顶崩塌的破火山口。"普林尼式喷发"这个名字是为了纪念古罗马的老普林尼。此种喷发的范本是公元79年维苏威火山的爆发，这次爆发使庞贝被埋在平均7米厚的浮石层之下。1980年5月18日美国圣海伦火山的爆发也是普林尼式。

（6）冰岛式喷发的火山通常是位于浅海中的火山。其玄武岩岩浆与海水接触，产生水蒸气爆炸，散布大量火山灰。冰岛式喷发可归类为水火山式喷发的一种。

玄武岩泛流喷发的岩浆沿一个巨大的裂隙或裂隙群上升，喷出地表。岩浆以玄武岩为主，通常形成熔岩高原。因为玄武岩岩浆之流动性大，且熔岩喷出量大，少有爆发的情况。此种喷发在地形平坦处看似洪水泛滥，到处流溢、分布面积广，因而得名。

超级火山：巨型火山几乎无岩浆的爆炸性喷发，火山碎屑占总喷出物的75%～100%。通常形成巨大的破火山口。此种喷发产生的大量碎屑物质可能影响全球的气候变迁，会造成大量财物损失及伤亡。黄石国家公园的破火山口即是一例。

气体喷发：喷出物只有气体，完全不含其他物质。目前已知会进行气体喷发的只有非洲的三个湖泊，1986年喀麦隆尼欧斯湖的喷发是一个典型的例子。

火山碎屑

火山碎屑在冷凝胶结后，亦可形成岩石。由火山尘和火山灰聚集形成的岩石为凝灰岩；由火山砾火山块和火山弹胶结而成的岩石称为集块岩（圆砾为主）或火山砾岩（角砾为主），若是兼具大小碎屑所组成之岩石，则称为凝灰角砾岩。

后火山作用

火山活动终止之后，地底下仍然有残留的热能。这些余热加热地底下残留的气体，使地底下累积之蒸气压力增大。最后在某些特定地点，如火山口或断层附近爆破地面而出，造成爆裂口。例如台湾阳明山公园的小油坑即是一个爆裂口。在爆裂口内常有喷气孔、硫气孔和温泉的存在。气体及受热地下水也有可能沿着断层裂隙冲出地表，直接形成喷气孔或温泉。这些现象称为后火山作用。

火山灾害

我们可以看出，活火山的分布局限在少数地区，许多活火山的位置又很偏僻，因此虽然它的威力巨大，对人类的危害却没有其他自然灾害那样广泛。不过，在活火山附近的地区，则经常处于它的威胁之下。

火山爆发，能产生地震，或者引起海啸，因而造成人畜的伤亡、建筑物的损坏。然而由它的喷出物带来的灾祸更为严重。火山灰和其他碎屑物质，能在广大面积的土地上落下，而且来得迅速，毁坏庄稼，破坏农田，甚至掩埋村镇。

火山灰的降落，给现代化的城市也造成了极大的困难，使机场关闭，汽车损坏。因为火山灰里含着酸性物质，对金属有腐蚀作用，会损坏金属制造的机器。

火山喷出的熔岩虽然流得较慢，在一般的情况下，人们可以避开它，但是城市、村庄、田园却没法带走，常常眼睁睁看着它来侵占。有时它从山坡上突然泻下或者堵塞了道路，使人们来不及逃走而被就地围困。熔岩堆塞河流，河水就会泛滥。火山灰大量地落下，也能产生这种后果。

火山喷出的气体有许多是有毒的，多了的时候，对人和其他生物也会造成危害。

地壳内部物质——岩浆及岩浆作用

岩浆及其特性

岩浆即火山喷发的熔岩流。

火山喷发的形态，受到喷出岩浆的流动性及挥发成分的量影响，有着很大的不同。挥发成分的量会影响岩浆的喷发力道。挥发成分越多，火山灰及熔岩就会被喷得越高，也就是会形成较大的爆发。岩浆流动性的指标，岩浆黏度主要是由岩浆中二氧化硅（SiO_2）的含量（50%～70%）与温度的高低来决定。二氧化硅越多或温度越低，岩浆就越黏，流动性也越低。另外喷出物的量越多，速度越快，被影响的区域也会跟着加大。

岩浆

岩浆流动性高而挥发性成分少：熔岩流不断流出，但不太会发生爆炸。例如夏威夷的冒纳罗亚火山。

岩浆流动性高且挥发性成分多：熔岩流以极高的角度喷出，有如喷泉一般。例如日本的三原山（伊豆大岛）。

岩浆流动性低且挥发性成分少：没有爆炸，熔岩流无法流得太远而堆积形成火山穹丘（或称熔岩穹丘）。例如日本的昭和新山。

岩浆流动性低而挥发性成分多：爆炸性的喷发。

举例来说，玄武岩岩浆含二氧化硅成分少，挥发成分也相对少且温度高、黏度小。因此玄武岩岩浆流动性大，其喷发相对较宁静，多为岩浆的溢出，形成大面积的熔岩台地和盾形火山。而流纹岩和安山岩岩浆富含二氧化硅和挥发成分，其流动性差，因此火山喷发猛烈，爆炸声巨大，有大量的火山灰、火山弹喷出，常形成高大的火山渣锥，并伴有火山碎屑流和炽热火山云，往往造成重灾。

岩石类型	岩浆主要矿物	流动性	二氧化硅含量	主要火山形状
流纹岩	石英、钾长石	低	大于70%	穹顶、破火山
安山岩	钠长石、辉石	中	55%～70%	复式火山
玄武石	钙长石、辉石	高	高于55%	火山锥渣、盾状火山

依照岩浆成分的不同，可以简单分为两种不同的喷发方式。

（1）宁静式喷发：由于黏滞性小，气体易散失，故不易爆发，而以溢流方式喷发。例如著名的夏威夷火山。

（2）爆裂式喷发：黏滞性大，流动不易，内部气体无法获得有效的散失，致使压力增大。当到达无法负荷时，便会以"爆炸"方式喷发。例如意大利的维苏威火山。

岩浆活动

自岩浆的产生、上升到岩浆冷凝固结成岩的全过程称为岩浆活动或岩浆作用。喷出地表的岩浆活动叫做火山活动或火山作用。下面我们将以墨西哥的帕里库廷火山的"诞生"为例，生动地为大家讲解岩浆活动现象。

在太平洋彼岸，有一个同我们遥遥相对的国家——墨西哥。墨西哥的

国土美丽富饶。在它的首都墨西哥城的西边，有个帕里库廷村，就是一个

岩浆活动示意图

①岩基；②岩盆；③岩床；④岩盖；⑤岩鞍；⑥岩株；⑦岩浆底
辟；⑧岩瘤；⑨岩脉；⑩捕虏体；⑪火山锥；⑫火山颈；⑬火山口；
⑭熔岩流；⑮熔岩被

土地特别肥沃的地方。此村与首都相距 320 千米。这一带群山起伏，河流蜿蜒，在那丛山之间的河谷里，勤劳的墨西哥农民开拓出一块块良田：农民普里多耕种的一块玉米地，就在帕里库廷村南边的一个河谷里。说起这块土地，也真有点特别：好些日子以来，每当普里多光着脚丫子在地里行走的时候，总感到脚下的泥土很热，似乎阳光对他的这块泥土特别照顾，但是，在太阳落山以后，这里的泥土仍旧是热的，甚至使他感到睡在地里比睡在家里还暖和。

1943 年 2 月间，这里出现的稀奇事就更多了。2 月 5 日，帕里库廷村一带的大地突然震动起来，还有人听到地下发出隆隆的响声。以后，震动多次发生，虽然都不太强烈，但有逐渐加强的趋势。

农民普里多在玉米地里，几次看见烟从一个小洞里冒了出来。开头他还以为是什么枯叶子着了火，铲了一些土盖上，想使它熄灭，可是看来没有什么效果，这神秘的烟还是不时出现。2 月 20 日下午 4 点钟左右，普里多正带着木犁在地里休息，突然大地又震动起来了，同时发出隆隆的响声。他站起来，向前望去，只见早些时候冒过烟的地面，出现了一条宽6 ~ 7 厘米的裂口，越裂越长；大量浓烟从裂口喷出，还嘶嘶作响，发出了难闻的硫

磺气味；不多一会儿，裂口附近的树木也着火燃烧起来。普里多亲眼见到大自然这样奇异的变化，十分惊愕。他随即想到妻子和儿子在附近牧羊，赶快去找他们，可是没有找着。是不是赶着羊群到泉边喝水去了呢？他再赶到那里，还是没有。连泉水也不见了，干涸了。普里多匆忙骑马跑回村子，只见妻子、儿女在朋友们都在那里盼望着他回来呢。他们也感觉到地震并看见浓烟从地下喷起的现象了。

这些现象，在4千米外的圣胡安镇的居民也感受到了，他们聚集在广场上议论纷纷，到底发生了什么事情？这时，有5个农民骑上了快马，赶到现场去观察。他们看到的情景跟普里多所见的大致相同，只是活动更强烈了。那个喷烟的洞，直径很快就扩大到2米左右。洞里像开锅一样，不过在里面翻腾的不是水，而是砂子。在那喷出的烟中，还拌有许多灰砂和石块，尽管这些灰砂和石块很烫，他们还是采集了一些灰砂和石块回去，给科学考察留下了宝贵的第一手资料。

第二天早上8点，普里多再一次到他的玉米地去时，只见地里铺满了大大小小的石块、灰砂，那个喷烟的洞口周围，堆得更多，已堆成了比原先的玉米地高出约10米的小丘。

灰砂、石块还在继续喷出，小丘越来越高，1个多星期以后，达到了100多米，简直是一座山了。这座山因为是由喷出去的灰砂、石块落下来堆积而成的，所以距离喷出口越近，堆得越多，自然形成了一个圆锥体，不过这个锥体的顶端中间有一个圆坑，就是那个喷烟的洞口。现在我们看得比较清楚了，在普里多的玉米地发生的事情，在大自然中本是一件平常的事情，一座火山在这里"诞生"了！那圆锥形的缺少锥尖的山峰，就是典型的火山特征，被称为火山锥；山顶上那个坑叫作"火山口"；火山口有一个通道伸向地下，被称为"火山颈"（或"火山喉管"），那些石块、灰砂、烟雾，就是经过这个"喉管"从地下"吐"出来的。

地球上的火山很多，每一座火山都有它"诞生"的过程，但是被人们亲眼见到是极少极少的，普里多和他的同胞们的经历就很稀罕和可贵了。这块玉米地里"长"出来的火山，成了人们研究火山的一个"活标本"，因为它靠近帕里库廷村，便被命名为"帕里库廷火山"，在今天的世界地图上都可以找到它。

帕里库廷火山"诞生"后第二天，人们看到从火山口北边的一个裂缝中，流出了一种外表像熔融了炉渣似的炽热的液体，以后在火山的东边也流出了一股。这些液体在刚从地下流出时温度很高，像火一样红，一般在100℃左右，最高记录曾达到1135℃。它在地上流，好似一条火的河流。在夜晚，它显得格外辉煌，一直流到2千米以外的地方才逐渐失去光辉，消逝在黑暗中。这是因为它一边流动，一边散失热量，温度不断降低，到了一定程度，表面首先变得黯淡无光，直至结成一层硬壳，这时硬壳下还保持着熔融状态，再向前流动一段距离，全部冷却凝结，成为固体的岩石，因此人们把这些地下喷出的熔融的液体叫"熔岩"。

熔岩洞

熔岩比许多液体流动得慢。帕里库廷火山的熔岩，在刚从地上涌出时，温度高，流动性还比较强，在坡度比较大的地方每分钟可流十几米远。流得远了，温度降低，流动性就差些，最后减少到一天也走不了几米。但是只要火山还在不断喷出熔岩，这条火的河流，还会缓慢地向前推进，到达比较远的地方。

帕里库廷火山喷出的熔岩是不少的，在它整个活动历史中，一共喷出了将近10亿吨熔岩，掩盖了24.8平方千米的面积。1944年6月27日，附近城市的报纸上刊登了一则因熔岩侵入而撤走圣胡安最后一批居民的消息。

堆积在火山口周围的东西，仅仅是火山喷生物的一小部分，但这已足够堆成一座不小的山了。在帕里库廷火山"诞生"一年以后，火山锥堆高比原来的玉米地高出336米；4年以后，高出360米；7年以后，高出397米。真是一年比一年"长"得高。

火山跟宇宙中的一切事物一样，也是在发展变化的。帕里库廷火山既然已经开始了它的活动，也就有结束的时候，1952 年 3 月 4 日，它变得无声无息，"死亡"了。但是，它是不是真的"死亡"了呢？谁也不能肯定，也许我们现在看到的只是表面的假象，说不定什么时候，它又会重新活动起来。

根据火山的不同活动特点，可以把火山分为不同的种类。经常活动的山，被称为"活火山"，有些火山，最后虽然没有活动，在人类历史上有过关于它的活动的记载或传说，也被认为是"活火山"。这样算起来，地球上现有活火山 500 多座。除活火山外，地球上还有些火山只能从它的外形或内部构造特征来认识，在人类历史上没有关于它活动的记载或传说，被称为"死火山"。也有人把那些长期没有活动，但将来有可能再活动的火山划为另外一类，称为"休眠火山"。不过这种火山，有的也可能就此长眠下去，因此要很严格地划清它们之间的界限是很困难的。

火山喷发，很早就引起了人们的注意。2000 多年以前，我们的祖先在《山海经》这部书中，就有关于火山的记载。书中说，我国西部沙漠附近、昆仑山一带，有一种"炎火之山"，如果把东西扔进去，东西也会燃烧起来，这"炎火之山"指的就是火山。

我国火山不多，大都在边疆地区。我们的祖先很早就能有这样比较准确的记述，真是不简单。现在查明，这一带确有火山，其中一个在 1951 年还曾喷发过，它位于新疆塔克拉玛干沙漠的南边，克里雅河上游，昆仑山北侧，这个位置和《山海经》的记述非常接近。

一般物质扔进活动的火山口，或者碰上了赤热的熔岩，是会着火燃烧的。所在无论是我国还是在墨西哥，或是其他有火山的地方，开头都以为这是"山在燃烧"。不论在汉语或西方语文中，火山这个词都有"燃烧的山"的意思。

火山活动是山在燃烧，这仅仅是人们根据燃烧生火的表面现象来认识的。古希腊形而上学的代表亚里士多德（公元前 384～前 322 年）就是这样认识的。对火山进行详细的调查研究以后，我们了解到火山喷发的大量浓烟并不是燃烧的产物，而是从地下喷出的气体。火山灰也不是通常燃烧剩下的灰烬，而是些岩石的细末，是堵塞在火山通道里的岩石、熔岩爆炸碎裂的产物。至于我们看到的火，那是因为火山喷出物温度很高，有许多到了赤热、白热的程度，当它们冲上天空，看起来就如火纷飞了。火红的熔岩流出，更能在夜晚把空中的烟柱映得通红。火山喷发时常闻到的硫磺味，那是喷出的气体中含有硫磺的蒸气和它的化合物，数量是极少的。

燃烧，不是火山活动的本质，过去一些人被烟和火这些表面现象所迷惑，因而产生了"山在燃烧"这样的错误概念。我们知道，地下深处温度极高，存在着熔融状态的物质，它们是由大量气体、水蒸气和熔岩混合而成的，这种混合物称为岩浆，火山活动时。大量的岩浆就从地下喷了出来。概括地说，火山喷发就是岩浆冲出地面。岩浆喷出地面，它的喷出物堆积成山，就是火山。但是在非常特殊的情况下，岩浆体本身并没有直接喷出到地面上来，而仅仅上升到地表附近，使地表表现为某种异样地形，这也是火山的一种形式。

什么是岩浆作用

岩浆作用是指地壳深部（至上地幔顶部）高温熔融岩浆的发生、发展、演化直至冷凝固结成岩的整个地质作用过程。它是内动力地质作用的一种。

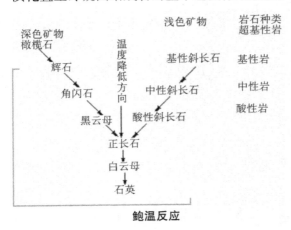

鲍温反应

地壳深处的岩浆具有很高的温度和压力，当地壳因构造运动出现断裂时，可引起地壳局部压力降低，岩浆向压力降低的方向运移，并占有一定的空间，或喷出地表。岩浆在上升、运移过程中发生重力分异作用、扩散作用，同围岩发生同化作用、混染作用；随着温度的降低发生结晶作用。在结晶过程中，由于物理化学条件的改变，先析出的矿物与岩浆又发生反应产生新的矿物；温度继续降低，反应继续进行，形成有规律的一系列矿物，称为鲍温反应。

岩浆在运移过程中，由于分异、同化混染等作用，不断地改变本身的物质成分。岩浆在地壳内部活动、演化直至冷凝成岩的过程称为侵入作用，喷出地表后冷凝成岩的过程称为岩浆喷出作用。岩浆作用的结果形成各种火成岩及其有关的矿产。

岩浆形成于地下深处，在温度和压力变化时，开始向压力较小的方向运移。在运移过程中不断演化，改变其成分和物理化学状态。当上升到地壳的中、上部或地表时凝固，形成火成岩。岩浆作用包括侵入作用和喷出作用。侵入作用是岩浆由深处上升到浅处的过程；喷出作用是岩浆喷出或溢出地表的过程。在岩浆作用中，原来岩石成分常发生变化（演化），最重要、最普遍的演化机理是岩浆分异作用和岩浆同化（混染）作用。

岩浆分异作用

岩浆分异作用是指原来成分均一的母岩浆，受温度、压力、氧逸度等物理化学条件的影响，形成不同成分的派生岩浆及岩浆岩的作用。

通过这种过程，矿物和化学成分不同的岩石从共同的岩浆衍生出来。当玄武质成分的岩浆冷却时，橄榄石和斜长石（倍长石）最早结晶。如果它们基本上留在原位，它们与周围的熔体起反应，橄榄石形成辉石，倍长石形成拉长石，产生的岩石将是辉长岩或玄武岩。然而，如果早期形成的晶体迁出了，残留的熔体将结晶形成不同的岩石；如果在完全结晶之前其他矿物已迁出，还要发育成其他岩石类型。

因此许许多多的火成岩变种可以由一个共同的母岩浆形成。某些矿物的堆积形成大矿床，也归因于岩浆分异作用。在岩浆结晶中早期形成的矿物比如磁铁矿、钛铁矿和铬铁矿可以从熔体中沉降和堆积成大的矿体。

结晶分异作用

结晶分异作用指岩浆在冷却过程中不断结晶出矿物和矿物与残余熔体分离的过程。又称分离结晶作用。

分离的原因主要是：①重力作用。早结晶出的矿物下沉于熔体的底部，晚结晶出的矿物堆积于其上，形成有不同矿物组合的具垂直分带现象的层状侵入体，又称火成堆积岩，其下部为超镁铁岩（橄榄岩、辉石岩等），向上依次变为辉长岩、斜长岩、闪长岩，甚至花斑岩等，具层理构造及堆积结构，剖面上常见成分重复出现的韵律层理，偶尔见交错层理。常堆积铬铁矿、钒铁磁铁矿等矿床。重力作用在基性岩浆中较常发生。②压滤作用。岩浆在部分结晶之后，在晶体"纲架"之间残存未结晶的熔体，在构造应力作用下，受挤压过滤，与晶体分离，向压力较小的方向迁移，在张裂隙或褶皱轴部形成小侵入体。花岗岩体及其围岩中的伟晶岩、细晶岩岩脉、石英粗玄岩中的霏细岩及花斑岩脉等，有可能就是压滤作用形成的。③流动作用。在岩浆运移上升过程中，岩浆中早期形成的晶体，因流体力学作用，远离通道壁部向通道中心高速带集中。因此，在这些岩体边缘富集晚期析出的矿物，而在中部则大量集中早期结晶的矿物。

熔离作用

熔离作用指成分均一的岩浆，由于温度、压力等变化，而分为两种不混溶或有限混溶的熔体。又称不混溶作用。

这种作用可以用来解释基性岩体中铜、镍硫化物矿床、层状侵入体中的铬铁矿、钒钛磁铁矿床的现象，碱性岩与碳酸岩的共生现象，不同成分硅酸盐岩浆岩的共生现象，还可用来解释辉长岩中条带构造、玄武岩中球粒构造等成因。月岩研究发现，在富 SiO_2 及 K_2O 玻璃质中，存在大量富铁的球体，两者成分正好符合 $FeO - Al_2O_3 - K_2O - SiO_2$ 系的液相不混溶区，这种球体在夏威夷玄武岩及其他地区玄武岩基质中也陆续有发现。实验还证实，东格陵兰的斯凯尔戛德侵入体中花斑岩与铁质辉长岩的熔体，在一个大气压下，在一定氧分压范围内也是不混溶的。

扩散作用

扩散作用是指在岩浆侵入体的不同部位存在温度梯度，一般边缘较低，中心较高。岩体中的温度梯度，会产生浓度梯度，使高熔点组分向低温区扩散，出现低温区高熔点组分集中现象。岩体边缘暗色矿物较多。扩散作用的大小以单位时间内质点扩散范围表示（平方厘米/秒），称扩散系数，扩散系数与岩浆的温度成正相关，而与岩浆的黏度成反相关。

气运作用

气运作用是指气体以气泡形式从熔体中上升，被溶解的低熔点、低密度组分，被气体搬运、携带到熔体的顶部，从而产生分异作用。岩浆常含一定挥发分，其中 H_2O 最多。在超临界温度和压力很大时，挥发分的密度变大，接近于液态，并大量溶解于岩浆之中，而且溶解其他物质（尤其低熔点、低密度组分）的能力也较强。当岩浆上升到浅处，或断裂切至岩浆房时，由于压力骤降，当静水压力小于饱和蒸气压时，则岩浆中挥发分出现气化沸腾与分离析出的现象，产生气运作用。

此外，由于岩浆中早期析出的晶体一般不含或很少含挥发分，因此晶体析出越多，岩浆中挥发分越多，当压力下降时，也将使岩浆气化沸腾、分离析出气体。气体搬运作用使岩体顶部的 SiO_2、K_2O、Na_2O 增大，富含挥发分矿物（如角闪石、云母、磷灰石、萤石等）增多，而且能携带金属元素在岩体顶部内、外接触带中，形成钨、锡、铍、铌、钽等矿产。

同化混染作用

岩浆同化指的是岩浆熔化并与围岩及捕房体交代的作用。与同化作用相反，岩浆吸收围岩及捕房体中的某些成分，使原来岩浆成分发生变化的作用，称为岩浆混染作用。因此，只要岩浆与围岩及捕房体发生过熔化、交代作用，则必然既有同化作用，也有混染作用，所以，通常统称为同化混染作用，简称为同化作用或混染作用。

岩浆可以熔化比它熔点低的岩石，而不能熔化比它熔点高的岩石。但岩浆可与比它熔点高的岩石交代、反应，形成新的矿物。

同化混染作用不仅可改变岩浆成分，而且可使岩浆降温、晶体析出，促进分异作用。由于晶体析出引起岩浆的热量与挥发分的增加，又促进同化混染作用的加强。因此，同化混染作用，是岩浆岩多样性的重要原因之一。同化混染作用主要见于花岗岩类侵入岩。

同化混染的强度主要与构造环境、岩体大小、侵入深度、岩浆成分（包括挥发分）、围岩性质等有关。活动构造环境、岩体大、侵入深、岩浆成分酸度大、挥发分多,与围岩成分差别大,一般同化混染也较强。

同化作用的标志是:岩浆岩体的成分与其围岩、捕房体成分有关;受过改造的捕房体发育;岩石结构、构造、成分、颜色极不均一,具斑杂构造;常见反常的结晶顺序及反环带结构;捕房晶较多;有的岩浆岩中见有他生矿物。

同化混染与成矿关系密切。如花岗质岩浆同化灰岩易形成铁矿,同化锰质灰岩易形成锰矿,同化泥质岩易形成钨矿。

板块构造及其运动

板块构造

板块构造理论产生于 20 世纪 60 年代初期,该理论对生物地理学影响很大。很多情况下,不同地区上很多的植物和动物分布,只有通过我们现在掌握的有关板块构造的理论才能够解释。

我们这个行星表面,是由厚度为 100～150 千米的巨大板块构成,全球岩石圈可分成六大板块,即太平洋板块、印度洋板块、亚欧板块、非洲板块、美洲板块和南极洲板块,其中只有太平洋板块几乎完全在海洋,其余板块均包括大陆和海洋,板块与板块之间的分界线是海岭、海沟、大的褶皱山脉和大断裂带。这些板块就像冰山在海洋中一样飘浮在玄武岩质基底上,进行非常缓慢的移动。大部分陆地或者全部大陆都在板块之上,所以当板块运动的时候,各个大陆之间就表现出了相对运动状况,我们称此为大陆漂移。

大陆板块具有三种可能的运动形式:

第一是新板块的形成,在板块交界处或者边缘,由于熔岩涌出和冷却产生新板块,这类边缘板块一般都沉积在海底,但是如果这些板块上面有陆地,那么陆地就会随之而相对运动,这种边缘可能由一块大陆中间的断裂开始。比如东非大峡谷就是两个板块分离初期阶段的例子,当这两部分大陆彻底分开之后,海水就会淹没断层部分,进而形成一个新大陆。分离的初期,这两块陆地还具有相同的植物和动物区系,原种的灭绝和新种属的进化导致两块陆地的动植物区系发生变化。

第二种板块运动形式是板块相对趋近运动，如果一个或者两个板块边缘都是很薄的海洋岩壳，那么，一个板块就可能滑向另一个，当两个板块运动到一起时，它们之间的摩擦造成戳穿和剧烈运动，因而产生地震带。海洋下沉岩壳向更深层地壳运动，在接近热核深层时融化，然后融化的岩浆喷出地表，形成火山喷发现象。如果这两个板块携带着大陆，那么，它们将相互接近。大陆壳比海洋岩壳密度小，所以，如果一个大陆接近一个下沉板块边缘的时候，就不会滑向另一块岩壳的下面，所以，就会防止它下面的板块继续下沉。如果两块板块各具有一片陆地，相互碰撞时都不会塌陷退让，撞击的结果形成长长的山脉。喜马拉雅山是世界上最高的山脉，就是由于4000万～4500万年前，印度板块和亚洲板块相撞形成的，现在仍然在缓慢上升。

　　第三种是板块边缘相互碰撞滑开，加利福尼亚的圣安地列斯断层显示向北滑动的太平洋板块和向南滑动的北美板块。

　　可见，目前的大陆都是由一块被称为泛大陆的超级古陆分离形成的，大约在2亿年前分成两半。一旦大陆被分割成不同的陆块，互相之间就被浩瀚的大海彼此孤立，同时每块大陆上的动植物也被隔离，各自独立进化的结果导致目前彼此不同的生物地理格局。

　　因此按照目前的板块学说，约可将板块边界分类如下：

　　（1）建设性或分离型的边界（又称扩张边界）：两个相邻板块向互相分离的方向走，如大西洋著名的中洋脊。

　　（2）破坏性或聚合型的边界：两板块冲撞在一起时，其中一块板块受到挤压而俯冲进入地函，形成隐没带。如菲律宾海板块隐没到太平洋板块下面，产生全球最深之马尼亚那海沟。

　　（3）存留、转换或剪切型的边界：这个边界与扩张边界都是近乎垂直的面，最典型为美国加州圣安德烈斯断层。

　　根据勒皮雄等人的观点，全球岩石圈划分为六大板块：

　　（1）美洲板块——北美洲，西北大西洋，格陵兰岛，南美洲及西南大西洋。

　　（2）南极洲板块——南极洲及沿海。

　　（3）亚欧板块——东北大西洋，欧洲及除印度外的亚洲。

（4）非洲板块——非洲，东南大西洋及西印度洋。

（5）印度洋板块——印度，澳大利亚，新西兰及大部分印度洋。

（6）太平洋板块——大部分太平洋（及加利福尼亚南岸）。

板块学界目前一般认为全球有 12 个板块，包括：

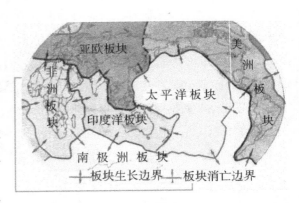

六大板块示意图

（1）以陆地为主、涉及少量海洋的板块：欧亚板块、阿拉伯板块、非洲板块、北美板块、南美板块、南极洲板块。

（2）以海洋为主的板块：太平洋板块、菲律宾海板块、纳兹卡板块、可可斯板块、印度—澳大利亚板块、加勒比板块。

此外，还有人划分出许多微板块，关于这个问题，目前学术界正处在热烈的讨论之中，尚无定论。

构造运动

构造运动是指由地球内动力引起岩石圈地质体变形、变位的机械运动。

构造运动可诱发岩浆活动、变质作用、地震等内动力地质作用，可导致陆壳和洋壳的增生和消亡、海陆轮廓的变迁，并深刻地影响外动力地质作用的结果。

构造运动的类型（基本分类）：

1. 按照地壳运动方向划分的类型（着眼于空间表现）

垂直运动（"升降运动"、"造陆运动"——沿地球半径方向）

水平运动（"造山运动"——沿地球切线方向）

2. 按照构造运动发生的时期划分的类型（着眼于时间分布）

新构造运动（晚第三纪以来）

古构造运动（晚第三纪以前）

构造运动引起地壳的岩层或岩体发生变形、变位留下的形迹，称为地质构造。

地质构造在层状岩石中表现最为明显，研究得也最清楚。它的基本类型有：水平构造、倾斜构造、褶皱构造和断裂构造等。

变质作用

什么是变质作用

变质作用是指先已存在的岩石受物理条件和化学条件变化的影响，改变其结构、构造和矿物成分，成为一种新的岩石的转变过程。变质作用绝大多数与地壳演化进程中地球内部的热流变化、构造应力或负荷压力等密切有关，少数是由陨石冲击月球和地球的表面岩石所产生。变质作用是在岩石基本上保持固体状态下进行的。地表的风化作用和其他外生作用引起岩石的变化，不属于变质作用。

早在19世纪60年代，欧洲的一些地质学家就发现有些沉积岩逐渐过渡为矿物成分和结构构造都不同于原来岩石的地质现象。在野外观察，发现沉积形成页岩变成了云母片岩，原来的黏土矿物变成了新生成的白云母和绿泥石。但是在这些被改变的岩石中，还可以找到原来岩石残余的一些特征，比如有层理，甚至可以见到化石残片。于是，1883年英国学者莱伊尔在他的著作《地质学原理》一书中，首创"Metamorphism"一词，提出了变质作用的概念，泛指人们观察到的岩石变质现象。

在地壳形成发展过程中，早先形成的岩石，包括岩浆岩、沉积岩和先形成的变质岩，为了适应新的地质环境和物理化学条件的变化，在固态情况下发生矿物成分、结构构造的重新组合，甚至包括化学成分的改变，这个变化过程称为变质作用。当然，由于变质作用形成的岩石就称为变质岩。

从早太古宙至现代，都有变质作用发生。在非洲和俄罗斯测得侵入变质岩中的岩浆岩的年龄为35亿年，在中国的冀东地区测得斜长角闪岩的年龄为35亿年，在格陵兰测得变质岩的年龄为38亿年，说明在早太古宙时

169

期，已有变质作用发生。在现代岛弧底部和大洋中脊，由于有较高的地热梯度，也正在发生变质作用。

变质作用的方式

主要包括下列几种：

①重结晶作用：指在原岩基本保持固态条件下，同种矿物的化学组分的溶解、迁移和再次沉淀结晶，使粒度不断加大，而不断形成新的矿物相的作用。例如，石灰岩变质成为大理岩。

②变质结晶作用：指在原岩基本保持固态条件下，形成新矿物相的同时，原有矿物发生部分分解或全部消失。这种过程一般是通过特定的化学反应来实现的，又称为变质反应。在矿物相的变化过程中，多数情况下岩石中的各种组分发生重新组合。在变质结晶作用中形成新矿物相的主要途径有脱挥发分反应、固体—固体反应和氧化—还原反应等。变质岩中新矿物相的出现首先受变质反应过程中物理化学平衡原理的控制，其次受化学动力学有关原理的控制。

③变质分异作用：指成分均匀的原岩经变质作用后，形成矿物成分和结构构造不均匀的变质岩的作用。例如，在角闪质岩石中形成以角闪石为主的暗色条带和以长英质为主的浅色条带。

④交代作用：指有一定数量的组分被带进和带出，使岩石的总化学成分发生不同程度的改变的成岩成矿作用。岩石中原有矿物的分解消失和新矿物的形成基本同时，它是一种逐渐置换的过程。

⑤变形和碎裂作用：在浅部低温低压条件下，多数岩石具有较大的脆性，当所受应力超过一定弹性限度时，就会碎裂。在深部温度较高的条件下，岩石所受应力超过弹性限度时，则出现塑性变形。

影响变质作用的因素

主要是温度、压力和具化变质作用与变质岩学活动性的流体等。温度的改变一般是引起变质作用的主要因素，多数变质作用是在温度升高（一般温度范围为200℃～900℃）的情况下进行的。热能主要有两种来源：地壳中放射性同位素衰变释放的和深部重力分异产生的。

变质作用的压力范围一般为 0～109 帕。根据物理性质，压力分为两种。一种是静压力，具有均向性，又分为负荷压力和流体压力。负荷压力指岩石在地壳一定深度所承受的上覆岩层的重力，其数值随深度而增加。流体压力指变质作用中岩层内存在的少量流体的压力。一般情况下，变质作用中流体压力等于负荷压力，少数情况下，两者不相等时，则流体压力起独立作用，成为控制脱水和脱碳酸盐化等变质反应的主要因素。另一种是应力，锁是一种侧向压力，通常和地壳活动带的构造运动有关。一般，应力在地壳浅部较强，深部则减弱，表现为对岩石和矿物的机械改造，岩石变形、板状劈理、碎裂构造都与应力有关。应力还能通过多种途径加速变质反应和重结晶作用。

在变质作用中，岩石中常存在少量流体相，且随变质程度的加强而减少。流体相的成分以水和二氧化碳为主，可含有其他易挥发组分。随着温度和压力的增大，其活动性也随之增强，一般可以起溶剂作用，促进组分溶解，并加强其扩散速度，从而促进重结晶和变质反应，也可以直接参与水化和脱水等变质反应。上述变质作用因素不是孤立存在，通常是同时出现，互相配合又互相制约。此外，时间也是一个重要因素。

关于变质作用中温度和压力的上下限，大多数学者认为在水流体存在时，变质作用的高温限为700℃～900℃，在无水的情况下，温度可能还要高些。关于低温限，各家说法不一，为150℃～200℃。

变质类型

变质作用的分类各家不完全一样，有的侧重于地质特点，有的侧重于物理化学条件，有的侧重于矿物组合和变形作用所产生的结构构造特点。合理的分类应是一个综合分类，既要考虑变质作用形成时的大地构造环境，又要以反映热流变化的变质相和变质相系为基础。

根据变质岩系产出的地质位置、规模和变质相系，同时考虑大多数人的习惯分法，可把变质作用分为局部性的和区域性的两大类别。局部性的包括下列类型。

1. 接触变质作用

一般是在侵入体与围岩的接触带，由岩浆活动引起的一种变质作用。通常发生在侵入体周围几米至几千米的范围内，常形成接触变质晕圈。一般形成于地壳浅部的低压、高温条件下，压力为 $1 \times 10^7 \sim 3 \times 10^8$ 帕。近接触带温度较高，从接触带向外温度逐渐降低。接触变质作用又可分为两个亚类：

①热接触变质作用：指岩石主要受岩浆侵入时高温热流影响而产生的一种变质作用。定向应力和静压力的作用一般较小，具有化学活动性的流体只起催化剂作用，围岩受变质作用后主要发生重结晶和变质结晶，原有组分重新改组为新的矿物组合并产生角岩结构，而化学成分无显著改变。

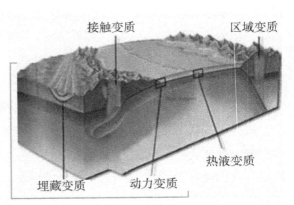

变质作用

②接触交代变质作用：在侵入体与围岩的接触带，围岩除受到热流的影响外，还受到具化学活动性的流体和挥发分的作用，发生不同程度的交代置换，原岩的化学成分、矿物成分、结构构造都发生明显改变，形成各种夕卡岩和其他蚀变岩石，有时还伴生有一定规模的铁、铜、钨等矿产以及钼、钛、氟、氯、硼、磷、硫等元素的富集。

2. 高热变质作用

指与火山岩和次火山岩接触的围岩或捕虏体中发生的小规模高温变质作用。其特点是温度很高，压力较低和作用时间较短。围岩和捕虏体被烘烤退色、脱水，甚至局部熔化，出现少量玻璃质。有时生成默硅镁钙石、斜硅钙石和硅钙石等稀少矿物。

3. 动力变质作用

指与断裂构造有关的变质作用的总称。它们以应力为主，有的伴有大小不等的热流，可分为三个亚类：

（1）碎裂变质作用：当岩层和岩石遭受断层错动时发生压碎或磨碎的一种变质作用，也有人称为动力变质作用（狭义的）、断错变质作用或机械变质作用。一般常发生于低温条件下，重结晶作用不明显，常呈带状分布，往往与浅部的脆性断裂有关。

（2）韧性剪切带变质作用：韧性剪切带指由韧性剪切作用造成的强烈变形的线状地带，可以有很大的宽度和长度。它与脆性断裂不同，剪切带内的变形是连续的，不发育明显的断层面，但又有相对位移。剪切带变形及相关的变质作用具有相同的边界条件，都限于剪切带内部。一般叠加在区域变质作用产物上的剪切变形往往伴有退化变质作用，其变质程度从低温绿片岩相至高温角闪岩相。与区域变质同期的韧性剪切带变质作用较为复杂，在少数情况下，递进剪切变形也可以伴有进化变质作用。导致剪切带变质作用的主要原因有两个，一是流体的注入，另一是由剪切应变引起的等温面变形和热松弛作用。

（3）逆掩断层变质作用：逆掩断层导致的变质作用与剪切带变质作用有明显差异，主要影响其下盘和一部分上盘岩石，上盘即逆掩的岩石发生快速退化变质作用，而下盘被逆掩的岩石产生快速的增压变质作用，随后又发生热调整使地热梯度缓慢升高，整个岩系相应地发生缓慢的进化变质作用，最后岩系底部发生部分熔融并导致晚期侵入体的生成。

4．冲击变质作用

指陨石冲击月球或地球表面岩石产生特殊高温和高压所引起的一种瞬间变质作用。宇宙中的巨大陨石，以很大的速度（10~20千米/秒）降落于地球表面，在很短的时间内（$10^{-3} \sim 10^{-1}$秒），给地球岩石以特大的冲击，使之发生强烈爆炸，产生超高压（$10^{11} \sim 10^{14}$帕）、极高温（≥10000℃）和释放出巨大能量，使冲击中心形成巨大的陨石坑。在陨石坑中及其周围，生成各种冲击岩。

5．气液变质作用

指具有一定化学活动性的气体和热液与固体岩石进行交代反应，使岩石的矿物和化学成分发生改变的变质作用。气水热液可以是侵入体带来的挥发分，或者是受热流影响而变热的地下循环水以及两者的混合物。在一定条件下，它们可改造岩石中的矿物，形成各种蚀变岩石，并使某些有用元素迁移、沉淀和富集。在气液变质强烈地段往往出现蚀变分带，有利于成矿，故可作为一种普查找矿标志。

6. 燃烧变质作用

煤层或天然易燃物由于氧化或外部原因使温度上升而引起燃烧，温度可达1600℃，影响范围可超过10平方千米。可使周围岩石产生重结晶或部分熔化，受变质的泥质或泥灰质沉积岩常裂成碎片或生成烧变岩。这是一种热源来自岩石自身的稀少热变质作用。中国新疆和山西大同的侏罗纪煤田，加拿大北部烟山的白垩系含油砂岩和页岩，都发生过这类变质作用。

区域性的变质作用，一般规模巨大，主要呈面型分布，出露面积从几百到几千甚至上万平方千米，它可分为四个主要类型。

7. 区域中、高温变质作用

主要见于太古宙地盾或克拉通，常发生在地壳演化的早期，它不同于元古宙以来活动带的变质作用。以单相变质的麻粒岩相和角闪岩相为主，呈面型分布，变质温度，麻粒岩相一般为700℃～900℃，角闪岩相一般为550℃～700℃，压力一般为（5～10）×10^8帕。重熔混合岩比较发育，英云闪长岩、奥长花岗岩和花岗闪长岩等分布广泛。紫苏花岗岩仅见于麻粒岩相区，构造上表现为穹窿和短轴背斜，中国的华北有广泛出露。

8. 区域动力热流变质作用

即一般所称的区域动热变质作用，也有人称为造山变质作用。这是在区域性温度、压力和应力增高的情况下，固体岩石受到改造的一种变质作用，它往往形成宽度不等的递增变质带。此种变质作用在地理上以及成因上常与大的造山带有关，如欧洲苏格兰—挪威的加里东造山带，北美的阿巴拉契亚造山带，中国的祁连山造山带等。变质作用的形成温度可达700℃，有的高达850℃，压力为（2～10）×10^8帕，岩石变质后具明显的叶理或片理。常伴有中酸性岩浆活动或区域性混合岩化作用。

9. 埋藏变质作用

又称埋深变质作用，也有人称静力变质作用、负荷变质作用或地热变质作用。埋深变质作用与岩浆侵入作用和造山应力作用都无明显关系，它是地槽沉积物及火山沉积物随着埋藏深度的变化而引起的一种变质作用，岩石一般缺乏片理。形成温度较低，最高可能为400℃～450℃，压力较高。埋深变质作用一方面解释了含有沸石类矿物的变质岩，另一方面解释了含硬柱石、蓝闪石的变质岩，这两类变质岩是在相近的低温条件下形成，但是它们在压力上有较大差别。经常伴生榴辉岩（C型）、蛇纹岩或蛇绿岩。未见有混合岩，同构造期花岗岩很不发育。关于埋深变质作用的成因有造陆运动下沉说、洋槽沿俯冲带下沉说和大断裂造成的下沉说等。

10. 洋底变质作用

指大洋中脊附近的变质作用，在大洋中脊下部的热流具有较高的速率，并随深度而快速增加，使原有的基性岩（玄武岩、辉长岩等）变质。以后由于洋底扩张，不断产生侧向移动，使这些变质岩移至正常的大洋盆中。

变质的基性岩，一般不具片理，基本保留原有结构，其变质相主要是沸石相和绿片岩相。根据对大西洋、太平洋和印度洋底样品研究，变质岩中的矿物共生组合，常随深度而变化，其顺序为黝帘石→葡萄石＋阳起石→绿片岩相，葡萄石—绿纤石相组合缺失，说明大洋中脊玄武岩变质时比许多大陆上蛇绿岩的地热梯度高。区域变质作用按压力类型分为低、中、高三个类型和两个过渡类型，具有一定的温度—压力梯度，并与一定的地质环境有密切关系。20世纪80年代，中国岩石学家董申保等把中国的区域变质作用分为主要类型、基础类型和辅助类型。主要类型有：

（1）埋深变质作用：包括浊沸石相、葡萄石—绿纤石相型（浅到中等深度型）和蓝闪石—硬柱石片岩相型（高压相系型）两个基础类型；

（2）区域低温动力变质作用：包括低绿片岩相（千枚岩）型和绿片岩相（有时可出现蓝闪绿片岩相）型两个基础类型；

（3）区域动力热流变质作用：包括中压相系和低压相系型两个基础类型；

（4）区域中高温变质作用：包括麻粒岩相型和角闪岩相型两个基础类型。辅助类型包括盖层变质作用和断陷变质作用。

175

地壳演化

变质作用的特点、分布、发生和发积岩和岩浆岩可以通过变质作用形成火山，均受当时当地的原岩建造、大地构造、环境和热流强度等综合控制，而这些又受地壳演化、特别是地壳和地幔相互作用的影响。变质作用类型的时空分布常显示旋回性和不可逆变化，它是地壳演化中地质旋回的一种表现，称变质旋回，在中国、俄罗斯和其他欧洲地区都有相似的特点。

太古旋回（早期变质旋回），主要以硅铝壳的垂向加厚和侧向增长为特征，热流值偏高，分布广而基本均匀，与此相联系的是大面积单向变质的区域中、高温变质作用的出现。

元古旋回，早元古期出现陆台和地槽体系，前者稳定，后者成为活动带。这一旋回的早期热流值较高，晚期变弱，除少数地区主要发育区域动力热流变质作用外，多数由两种变质作用类型所组成，早期是区域动力热流变质作用，晚期是区域低温动力变质作用。元古旋回晚期在有些地区开始出现埋深变质作用的蓝闪绿片岩相，它常与绿片岩相共生，其原岩形成环境属于受深断裂控制的深海槽，认为是由于地壳下部的地幔折断、下沉而引起的大陆俯冲作用的结果。

显生旋回，高热流值更加收敛，往往表现为大面积的绿片岩相带，而角闪岩相带仅局部出现。个别地区出现有双变质带，表现为高压相系的蓝闪石——硬柱石片岩相变质作用与低压相系的区域动力热流变质作用或区域低温动力变质作用与区域动力热流变质作用成对出现。

176

碳　循　环

碳循环概述

地球上最大的两个碳库是岩石圈和化石燃料，含碳量约占地球上碳总量的99.9%。这两个库中的碳活动缓慢，实际上起着贮存库的作用。地球上还有三个碳库——大气圈库、水圈库和生物库。这三个库中的碳在生物和无机环境之间迅速交换，容量小而活跃，实际上起着交换库的作用。

碳在岩石圈中主要以碳酸盐的形式存在，总量为 2.7×10^{16} 吨；在大气圈中以二氧化碳和一氧化碳的形式存在，总量有 2×10^{12} 吨；在水圈中以多种形式存在的生物库中则存在着几百种被生物合成的有机物。这些物质的存在形式受到各种因素的调节。

在大气中，二氧化碳是含碳的主要气体，也是碳参与物质循环的主要形式。在生物库中，森林是碳的主要吸收者，它固定的碳相当于其他植被类型的2倍。森林又是生物库中碳的主要贮存者，贮存量大约为 4.82×10^{11} 吨，相当于目前大气含碳量的2/3。

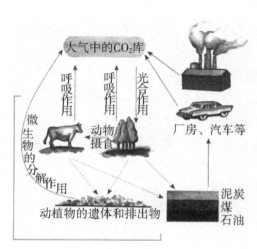

碳循环示意图

植物通过光合作用从大气中吸收碳的速率，与通过动、植物的呼吸和微生物的分解作用将碳释放到大气中的速率大体相等，因此，大气中二氧化碳的含量在受到人类活动干扰以前是相当稳定的。

碳循环的过程

自然界碳循环的基本过程如下：大气中的二氧化碳（CO_2）被陆地和海洋中的植物吸收，然后通过生物或地质过程以及人类活动，又以二氧化碳的形式返回大气中。

1. 有机体和大气之间的碳循环

绿色植物从空气中获得二氧化碳，经过光合作用转化为葡萄糖，再综合成为植物体的碳化合物，经过食物链的传递，成为动物体的碳化合物。植物和动物的呼吸作用把摄入体内的一部分碳转化为二氧化碳释放入大气，另一部分则构成生物的机体或在机体内贮存。动、植物死后，残体中的碳，通过微生物的分解作用也成为二氧化碳而最终排入大气。大气中的二氧化碳这样循环一次约需 20 年。

一部分（约千分之一）动、植物残体在被分解之前即被沉积物所掩埋而成为有机沉积物。这些沉积物经过悠长的年代，在热能和压力作用下转变成矿物燃料——煤、石油和天然气等。当它们在风化过程中或作为燃料燃烧时，其中的碳氧化成为二氧化碳排入大气。人类消耗大量矿物燃料对碳循环发生重大影响。

2. 大气和海洋之间的二氧化碳交换

二氧化碳可由大气进入海水，也可由海水进入大气。这种交换发生在气和水的界面处，由于风和波浪的作用而加强。这两个方向流动的二氧化碳量大致相等，大气中二氧化碳量增多或减少，海洋吸收的二氧化碳量也随之增多或减少。

碳质岩石的形成和分解

大气中的二氧化碳溶解在雨水和地下水中成为碳酸，碳酸能把石灰岩变为可溶态的重碳酸盐，并被河流输送到海洋中。海水中的碳酸盐和重碳酸盐含量是饱和的，接纳新输入的碳酸盐，便有等量的碳酸盐沉积下来。通过不同的成岩过程，又形成为石灰岩、白云石和碳质页岩。

在化学和物理作用（风化）下，这些岩石被破坏，所含的碳又以二氧化碳的形式释放入大气中。火山爆发也可使一部分有机碳和碳酸盐中的碳再次加入碳的循环。碳质岩石的破坏，在短时期内对循环的影响虽不大，但对几百万年中碳量的平衡却是重要的。

人类活动对碳循环的干预

人类燃烧矿物燃料以获得能量时，产生大量的二氧化碳。1949～1969年，由于燃烧矿物燃料以及其他工业活动，二氧化碳的生成量估计每年增加4.8%。其结果是大气中二氧化碳浓度升高。这样就破坏了自然界原有的平衡，可能导致气候异常。矿物燃料燃烧生成并排入大气的二氧化碳有一小部分可被海水溶解，但海水中溶解气态二氧化碳的增加又会引起海水中酸碱平衡和碳酸盐溶解平衡的变化。

矿物燃料的不完全燃烧会产生少量的一氧化碳。自然过程也会产生一氧化碳。一氧化碳在大气中存留时间很短，主要是被土壤中的微生物所吸收，也可通过一系列化学或光化学反应转化为二氧化碳。

光 合 作 用

概述

光合作用公式：

二氧化碳 + 水 ——→ 有机物（主要是淀粉）+ 氧气

$$6CO_2 + 6H_2O \longrightarrow C_6H_{12}O_6 + 6O_2$$

光合作用是植物、藻类利用叶绿素和某些细菌利用其细胞本身，在可见光的照射下，将二氧化碳和水（细菌为硫化氢和水）转化为有机物，并释放出氧气（细菌释放氢气）的生化过程。植物之所以被称为食物链的生产者，是因为它们能够通过光合作用利用无机物生产有机物并且贮存能量。通过食用，食物链的消费者可以吸收到植物及细菌所贮存的能量，效率为10%～20%。对于生物界的几乎所有生物来说，这个过程是它们赖以生存的关

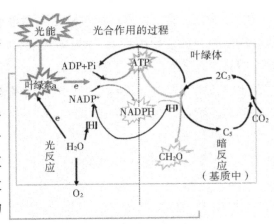

光合作用图解

键。而地球上的碳氧循环，光合作用是必不可少的。

　　植物利用阳光的能量，将二氧化碳转换成淀粉，以供植物及动物作为食物的来源。叶绿体由于是植物进行光合作用的地方，因此叶绿体可以说是阳光传递生命的媒介。

光合作用反应原理

　　植物与动物不同，它们没有消化系统，因此它们必须依靠其他的方式来进行对营养的摄取。就是所谓的自养生物。对于绿色植物来说，在阳光充足的白天，它们将利用阳光的能量来进行光合作用，以获得生长发育必需的养分。

　　这个过程的关键参与者是内部的叶绿体。叶绿体在阳光的作用下，把经有气孔进入叶子内部的二氧化碳和由根部吸收的水转变成为淀粉，同时释放氧气。

　　上式中等号两边的水不能抵消，虽然在化学上式子显得很特别。原因是左边的水，是植物吸收所得，而且用于制造氧气和提供电子和氢离子。而右边的水分子的氧原子则是来自二氧化碳。为了更清楚地表达这一原料产物起始过程，人们更习惯在等号左右两边都写上水分子，或者在右边的水分子右上角打上星号。

　　光合作用可分为光反应和暗反应两个步骤。

1. 光反应

反应条件：光，色素，光反应酶

反应场所：囊状结构薄膜上

反应过程：水的光解：$2H_2O \longrightarrow 4H + O_2\uparrow$（在光和叶绿体中的色素的催化下）

ATP 的合成：$ADP + Pi \longrightarrow ATP$（在光、酶和叶绿体中的色素的催化下）

影响光反应的因素：光强度，水分供给植物光合作用的两个吸收峰

叶绿素 a、b 的吸收峰过程：叶绿体膜上的两套光合作用系统：光合作用系统一和光合作用系统二（光合作用系统一比光合作用系统二要原始，但电子传递先在光合系统二开始），在光照的情况下，分别吸收 680 纳米和 700 纳米波长的光子，作为能量，将从水分子光解过程中得到电子不断传递（能传递电子的仅有少数特殊状态下的叶绿素 a），最后传递给辅酶二 $NADP^+$。而水光解所得的氢离子则因为顺浓度差通过类囊体膜上的蛋白质复合体从类囊体内向外移动到基质，势能降低，其间的势能用于合成 ATP，以供暗反应所用。而此时势能已降低的氢离子则被氢载体 $NADP^+$ 带走。一分子 $NADP^+$ 可携带两个氢离子，$NADPH^+ + 2e^- + H^+ = NADPH$（还原性辅酶二）。DANPH 则在暗反应里面充当还原剂的作用。

光反应的意义：①光解水（又称水的光解），产生氧气。②将光能转变成化学能，产生 ATP，为暗反应提供能量。③利用水光解的产物氢离子，合成 NADPH，为暗反应提供还原剂［H］（还原氢）。

2. 暗反应（碳反应）

暗反应实质是一系列的酶促反应。

反应条件：无光也可，暗反应酶（但因为只有发生了光反应才能持续发生，所以不再称为暗反应）

反应场所：叶绿体基质

影响暗反应的因素：温度，二氧化碳浓度

过程：不同的植物，暗反应的过程不一样，而且叶片的解剖结构也不相同。这是植物对环境的适应的结果。暗反应可分为 C_3，C_4 和 CAM3 种类

型。三种类型是因二氧化碳的固定这一过程的不同而划分的。

C_3 反应类型：植物通过气孔将 CO_2 由外界吸入细胞内，通过自由扩散进入叶绿体。叶绿体中含有 C_5，起到将 CO_2 固定成为 C_3 的作用。C_3 再与[H] 及 ATP 提供的能量反应，生成糖类（CH_2O）并还原出 C_5。被还原出的 C_5 继续参与暗反应。

光暗反应的有关化学方程式：

$H_2O \longrightarrow 2H + 1/2O_2$ （水的光解）

$NADP^+ + 2e^- + H^+ \longrightarrow NADPH$ （递氢）

$ADP + Pi \longrightarrow ATP$ （递能）

$CO_2 + C_5$ 化合物 $\longrightarrow 2C_3$ 化合物（二氧化碳的固定）

$2C_3$ 化合物 $\longrightarrow （CH_2O）+ C_5$ 化合物（有机物的生成或称为 C_3 的还原）

$ATP \longrightarrow ADP + Pi$ （耗能）

能量转化过程：光能→不稳定的化学能（能量储存在 ATP 的高能磷酸键）→稳定的化学能（糖类即淀粉的合成）

注意：光反应只有在光照条件下进行，而只要在满足暗反应条件的情况下暗反应都可以进行。也就是说暗反应不一定要在黑暗条件下进行。

3. 光反应阶段和暗反应阶段的关系：

①联系：光反应和暗反应是一个整体，二者紧密联系。光反应是暗反应的基础，光反应阶段为暗反应阶段提供能量（ATP）和还原剂，暗反应产生的 ATP 和 Pi 为光反应合成 ATP 提供原料。

②区别：（见下表）

光合作用光反应与暗反应间的区别

项目	光反应	暗反应
实质	光能→化学能，释放 O_2	同化 CO_2 形成（CH_2O）（酶促反应）
时间	短促，以微秒计	较缓慢
条件	需色素、光和酶	不需色素和光，需多种酶
场所	在叶绿体内囊状结构薄膜上进行	在叶绿体基质中进行

续表

项目	光反应	暗反应
物质转化	$2H_2O \rightarrow 4$ ［H］$+ O_2 \uparrow$（在光和叶绿体中的色素的催化下） $ADP + Pi \rightarrow ATP$（在光、酶和叶绿体中的色素的催化下）	$CO_2 + C_5 \rightarrow 2C_3$（在酶的催化下） $C_3 + $［H］$\rightarrow$（$CH_2O$）$+ C_5$（在酶和 ATP 的催化下）
能量转化	叶绿素把光能转化为活跃的化学能并储存在 ATP 中	ATP 中活跃的化学能转化变为糖类等有机物中稳定的化学能

光合作用的实质

物质变化：把 CO_2 和 H_2O 转变为有机物。

能量变化：把光能转变成 ATP 中活跃的化学能再转变成有机物中的稳定的化学能。

光合作用原理的应用

农业生产的目的是为了以较少的投入，获得较高的产量。根据光合作用的原理，改变光合作用的某些条件，提高光合作用强度（指植物在单位时间内通过光合作用制造糖的数量），是增加农作物产量的主要措施。这些条件主要是指光照强度、温度、CO_2 浓度等。如何调控环境因素来最大限度的增加光合作用强度，是现代农业的一个重大课题。

光 照

影响光合作用的外界条件

1. 光照

光合作用是一个光生物化学反应，所以光合速率随着光照强度的增加而加快。但超过一定范围之后，光合速率的增加变慢，直到不再增加。光合速率可以用 CO_2 的吸收量来表示，CO_2 的吸收量越大，表示光合速率越快。

2. 二氧化碳

CO_2 是绿色植物光合作用的原料，它的浓度高低影响了光合作用暗反应的进行。在一定范围内提高 CO_2 的浓度能提高光合作用的速率，CO_2 浓度达到一定值之后光合作用速率不再增加，这是因为光反应的产物有限。

3. 温度

光合作用中的化学反应都是在酶的催化作用下进行的，而温度直接影响酶的活性。温度与光合作用速率的关系就像温度与酶之间的关系，有一个最适合的温度。

4. 矿质元素

矿质元素直接或间接影响光合作用。例如，N 是构成叶绿素、酶、ATP 的化合物的元素，P 是构成 ATP 的元素，Mg 是构成叶绿素的元素。

5. 水分

水分既是光合作用的原料之一，又可影响叶片气孔的开闭，间接影响 CO_2 的吸收。缺乏水时会使光合速率下降。

影响绿叶中色素合成的条件

1. 光照

一般植物在黑暗下生长都不能合成叶绿素，所以叶片发黄（如豆芽）。例如根含有的不见光的质体为无色素的白色体，故根为白色。

2. 适宜的温度

叶绿素的合成需要酶的参与。一般来说，叶绿素形成的最低温度是 $2℃ \sim 4℃$，最高温度为 $40℃$，秋天叶片变黄和早春寒潮过后水稻秧苗变白的现象，都与低温抑制叶绿素的合成有关。

3. 矿质元素

植物缺乏 N、Mg、Fe、Me、Cu、Zn 的元素时，就不能形成叶绿素，出现缺绿病。N、Mg 都是组成元素的元素，不可缺少。Fe、Me、Cu、Zn 等可能是叶绿素形成过程中某些酶的活化剂，在叶绿素形成过程中起间接作用。

发现进程

古希腊哲学家亚里士多德认为：植物生长所需的物质全来源于土中。

1627 年，荷兰人范·埃尔蒙做了盆栽柳树称重实验，得出植物的重量主要不是来自土壤而是来自水的推论。他没有认识到空气中的物质参与了有机物的形成。

1771 年，英国的普里斯特利发现植物可以恢复因蜡烛燃烧而变"坏"了的空气。他做了一个有名的实验，他把一支点燃的蜡烛和一只小白鼠分别放到密闭的玻璃罩里，蜡烛不久就熄灭了，小白鼠很快也死了。接着，他把一盆植物和一支点燃的蜡烛一同放到一个密闭的玻璃罩里，他发现植物能够长时间地活着，蜡烛也没有熄灭。他又把一盆植物和一只小白鼠一同放到一个密闭的玻璃罩里。他发现植物和小白鼠都能够正常地活着，于是，他得出了结论：植物能够更新由于蜡烛燃烧或动物呼吸而变得污浊了的空气。但他并没有发现光的重要性。

1779 年，荷兰的英恩豪斯证明只有植物的绿色部分在光下才能起使空气变"好"的作用。

1804 年，法国的索叙尔通过定量研究进一步证实二氧化碳和水是植物生长的原料。

1845 年，德国的迈尔发现植物把太阳能转化成了化学能。

1864 年，德国的萨克斯发现光合作用产生淀粉。他做了一个试验：把绿色植物叶片放在暗处几个小时，目的是让叶片中的营养物质消耗掉，然后把这个叶片一半曝光，一半遮光。过一段时间后，用碘蒸气处理发现遮光的部分没有发生颜色的变化，曝光的那一半叶片则呈深蓝色。这一实验成功的证明绿色叶片在光和作用中产生淀粉。

1880 年，美国的恩格尔曼发现叶绿体是进行光合作用的场所，氧是由叶绿体释放出来的。他把载有水绵（水绵的叶绿体是条状，螺旋盘绕在细胞内）和好氧细菌的临时装片放在没有空气的暗环境里，然后用极细光束照射水绵通过显微镜观察发现，好氧细菌向叶绿体被光照的部位集中；如果上述临时装片完全暴露在光下，好氧细菌则分布在叶绿体所有受光部位的周围。

20世纪30年代，美国科学家鲁宾和卡门采用同位素标记法研究了"光合作用中释放出的氧到底来自水，还是来自二氧化碳"这个问题，得到了氧气全部来自于水的结论。

20世纪40年代，美国的卡尔文等科学家用小球藻做实验：用C_{14}标记的二氧化碳（其中碳为C_{14}）供小球藻进行光合作用，然后追踪检测其放射性，最终探明了二氧化碳中的碳在光合作用中转化成有机物中碳的途径，这一途径被称为卡尔文循环。

现象起源

光合作用不是起源于植物和海藻，而是起源于细菌。

从这些进程中能够很明显地看出，无论是宿主生物体，还是共生细胞，它们都在进行光合作用。此"半植半兽"微生物在宿主和共生体细胞之间的快速转变可能在光合作用演化过程中起过关键作用，推动了植物和海藻的进化。虽然目前科学家还不能培养野生 Hatena 来完全研究清楚它的生命周期，但是这一阶段的研究可能会为搞清楚什么使得叶绿体成为细胞永久的一部分提供了一些线索。科学家认为，此生命现象导致海藻进化出一种吞噬细菌的方法，最终使海藻进化出自己的叶绿体来进行光合作用。

然而，这一过程到底是怎样发生的，目前还是一个不解之谜。从此研究发现可以看出，光合作用不是起源于植物和海藻，而是最先发生在细菌中。正是因为细菌的有氧光合作用演化造成地球大气层中氧气含量的增加，从而导致复杂生命的繁衍达10亿年之久。在其他的实验中，冈本和井上教授尝试了喂给 Hatena 其他的海藻，想看看它是否会有同样的反应。但是，尽管它也吞噬了海藻，却没有任何改变的过程。这说明在这两者之间存在着某种特殊的关系。判断出这种关系是否是基因决定的将是科学家需要解决的下一个难题。

光合作用的基因可能同源，但演化并非是一条从简至繁的直线。科学家罗伯特·布来肯细普曾在《科学》杂志上发表报告说，我们知道这个光

186

合作用演化来自大约 25 亿年前的细菌，但光合作用发展史非常不好追踪，且光合微生物的多样性令人迷惑，虽然有一些线索可以将它们联系在一起，但还是不清楚它们之间的关系。

为此，布来肯细普等人通过分析 5 种细菌的基因组来解决部分的问题。他们的结果显示，光合作用的演化并非是一条从简至繁的直线，而是不同的演化路线的合并，靠的是基因的水平转移，即从一个物种转移到另一个物种上。通过基因在不同物种间的"旅行"从而使光合作用从细菌传到了海藻，再到植物。布来肯细普写道："我们发现这些生物的光合作用相关基因并没有相同的演化路径，这显然是水平基因转移的证据。"他们利用 BLAST 检验了 5 种细菌：蓝绿藻、绿丝菌、绿硫菌、古生菌和螺旋菌的基因，结果发现它们有 188 个基因相似，而且，其中还有约 50 个与光合作用有关。它们虽然是不同的细菌，但其光合作用系统相当雷同，他们猜测光合作用相关基因一定是同源的。但是否就是来自 Hatena，还有待证实。

然而，光合作用的演化过程如何？为找到此答案，布来肯细普领导的研究小组利用数学方法进行亲缘关系分析，来看看这 5 种细菌的共同基因的演化关系，以决定出最佳的演化树，结果他们测不同的基因就得出不同的结果，一共支持 15 种排列方式。显然，它们有不同的演化史。他们比较了光合作用细菌的共同基因和其它已知基因组的细菌，发现只有少数同源基因堪称独特。大多数的共同基因可能对大多数细菌而言是"日常"基因。它们可能参加非光合细菌的代谢反应，然后才被收纳成为光合系统的一部分。

藻类和细菌的光合作用

真核藻类，如红藻、绿藻、褐藻等，和植物一样具有叶绿体，也能够进行产氧光合作用。光被叶绿素吸收，而很多藻类的叶绿体中还具有其他不同的色素，赋予了它们不同的颜色。

进行光合作用的细菌不具有叶绿体，而直接由细胞本身进行。属于原核生物的蓝藻（或者称蓝细菌）同样含有叶绿素，和叶绿体一样进行产氧光合作用。事实上，目前普遍认为叶绿体是由蓝藻进化而来的。其他光合细菌具有多种多样的色素，称作细菌叶绿素或菌绿素，但不氧化水生成氧气，而以其他物质（如硫化氢、硫或氢气）作为电子供体。不产氧光合细菌包括紫硫细菌、紫非硫细菌、绿硫细菌、绿非硫细菌和太阳杆菌等。

温度对光合作用的影响

温度对光合作用的影响较为复杂。由于光合作用包括光反应和暗反应两个部分，光反应主要涉及光物理和光化学反应过程，尤其是与光有直接关系的步骤，不包括酶促反应，因此光反应部分受温度的影响小，甚至不受温度影响；而暗反应是一系列酶促反应，明显地受温度变化影响和制约。

在一定温度范围内，例如，从光合作用的冷限温度到最适温度之间，光合作用速率表现为随温度的上升而提高，一般每上升 $10℃$，光合速率可提高 1 倍左右。而在冷限温度以下和热限温度以上，对光合作用便会产生种种不利影响。因此，温度对光合作用的不利影响包括低温和高温，低温又可分为冷害和冻害两种。

冷害通常是指在 $1℃ \sim 12℃$ 以下植物所遭受的危害。在冷害温度下，植物在光合速率明显下降，例如番茄叶片，经 16 小时 $1℃$ 冷处理，在大气的二氧化碳水平下，其光合速率下降达 67%。C_4 植物的玉米，当温度从 $20℃$ 降到 $5℃$ 时，其光合速率降低幅度竟达 90%。冷害温度之所以使植物光合速率如此大幅度下降，是因为低温冷害首先引起部分气孔关闭，增加了气孔对二氧化碳流动的阻力，造成二氧化碳供应不足，这必须导致光合速率降低。冷害温度还直接影响到叶绿体结构，使叶绿体内的较小基粒垛数目增加，类囊体膜的生物组装受到抑制，膜结构受损，结果使叶绿体的活性降低，表现出光系统 I、光系统 II 和全链电子传递速率下降。叶绿体中负责把激发能从捕光色素蛋白复合体向反应中心传递的叶绿素活性受钝化，能量传递受阻，反应中心得不到充足的能量供应。这些都对植物正常的光合作用造成不良影响。

光合作用暗反应的各个步骤均是在有关酶的参与下完成的，而低温能降低酶的活性和限制酶促反应。有些酶如 C_4 植物的磷酸烯醇式丙酮酸（PEP）羧化酶和丙酮酸酸激酶在低温下不稳定，同时它们的活化所需的能量分别在低于 10.8℃和 11.7℃的温度下明显增加，其结果均不利于对二氧化碳的固定和还原。

在冷害温度下，植物体对光合作用形成的碳水化合物的运输速度也会降低。光合产物不能及时外运，在叶肉细胞或叶绿体中积累，会反过来抑制光合作用。此外，C_4 植物中，二氧化碳的固定和还原需要叶肉细胞和维管束鞘细胞的叶绿体共同协作才能完成，而低温可影响这两种细胞叶绿体之间光合中间产物的转运，最终都会使光合速率降低。

此外，在低温下，植物需要更多的能量以抵御寒冷，而这些能量来自呼吸作用，因此低温会加剧呼吸作用，增加干物质的消耗。低温还会延续根系的生长和抑制水分的吸收，造成叶子水分亏缺和气孔关闭，这些都会影响光合作用，使光合作用的速率降低。

冻害是指温度在 0℃以下，引起植物细胞结冰而使植物受害。在这种温度下，除少数抗寒植物如松、柏等能在严冬中依然绿翠夺目，傲然挺立，继续从事光合作用外，绝大多数植物因早已达到、甚至低于它们光合作用的冷限温度，叶片脱落，即便尚未脱落，实际上光合作用已经停止，无法合产物的积累。这种低温如果持续时间长，能引起细胞甚至植物死亡，自然谈不上光合作用了。

当温度高于光合作用的最适温度时，光合速率明显地表现出随温度上升而下降，这是由于高温引起催化暗反应的有关酶钝化、变性甚至遭到破坏，同时高温还会导致叶绿体结构发生变化和受损；高温加剧植物的呼吸作用，而且使二氧化碳溶解度的下降超过氧溶解度的下降，结果利于光呼吸而不利于光合作用；在高温下，叶子的蒸腾速率增高，叶子失水严重，造成气孔关闭，使二氧化碳供应不足，这些因素的共同作用，必然导致光合速率急剧下降。当温度上升到热限温度，净光合速率便降为零，如果温度继续上升，叶片会因严重失水而萎蔫，甚至干枯死亡。

作用过程和意义

光合作用第一个阶段中的化学反应，必须有光能才能进行，这个阶段叫做光反应阶段。光反应阶段的化学反应是在叶绿体内的类囊体上进行的。

暗反应阶段光合作用第二个阶段中的化学反应，没有光能也可以进行，这个阶段叫做暗反应阶段。暗反应阶段中的化学反应是在叶绿体内的基质中进行的。光反应阶段和暗反应阶段是一个整体，在光合作用的过程中，二者是紧密联系、缺一不可的。光合作用的重要意义光合作用为包括人类在内的几乎所有生物的生存提供了物质来源和能量来源。因此，光合作用对于人类和整个生物界都具有非常重要的意义。

（1）制造有机物。绿色植物通过光合作用制造有机物的数量是非常巨大的。据估计，地球上的绿色植物每年制造四五千亿吨有机物，这远远超过了地球上每年工业产品的总产量。所以，人们把地球上的绿色植物比作庞大的"绿色工厂"。绿色植物的生存离不开自身通过光合作用制造的有机物。人类和动物的食物也都直接或间接地来自光合作用制造的有机物。

（2）转化并储存太阳能。绿色植物通过光合作用将太阳能转化成化学能，并储存在光合作用制造的有机物中。地球上几乎所有的生物，都是直接或间接利用这些能量作为生命活动的能源的。煤炭、石油、天然气等燃料中所含有的能量，归根到底都是古代的绿色植物通过光合作用储存起来的。

（3）使大气中的氧和二氧化碳的含量相对稳定。据估计，全世界所有生物通过呼吸作用消耗的氧和燃烧各种燃料所消耗的氧，平均为 10000 吨/秒。以这样的消耗氧的速度计算，大气中的氧大约只需 2000 年就会用完。然而，这种情况并没有发生。这是因为绿色植物广泛地分布在地球上，不断地通过光合作用吸收二氧化碳和释放氧，从而使大气中的氧和二氧化碳的含量保持着相对的稳定。

（4）对生物的进化具有重要的作用。在绿色植物出现以前，地球的大气中并没有氧。只是在距今 20 亿~30 亿年以前，绿色植物在地球上出现并逐渐占有优势以后，地球的大气中才逐渐含有氧，从而使地球上其他进行有氧呼吸的生物得以发生和发展。由于大气中的一部分氧转化成臭氧（O_3）。臭氧在大气上层形成的臭氧层，能够有效地滤去太阳辐射中对生物具有强烈破坏作用的紫外线，从而使水生生物开始逐渐能够在陆地上生活。经过长期的生物进化过程，最后才出现广泛分布在自然界的各种动植物。

190

植物栽培与光能的合理利用光能是绿色植物进行光合作用的动力。在植物栽培中，合理利用光能，可以使绿色植物充分地进行光合作用。合理利用光能主要包括延长光合作用的时间和增加光合作用的面积两个方面。

　　延长光合作用的时间延长全年内单位土地面积上绿色植物进行光合作用的时间，是合理利用光能的一项重要措施。例如，同一块土地由一年之内只种植和收获一次小麦，改为一年之内收获一次小麦后，又种植并收获一次玉米，可以提高单位面积的产量。

　　增加光合作用的面积合理密植是增加光合作用面积的一项重要措施。合理密植是指在单位面积的土地上，根据土壤肥沃程度等情况种植适当密度的植物。

呼 吸 作 用

　　生物的生命活动都需要消耗能量，这些能量来自生物体内糖类、脂类和蛋白质等有机物的氧化分解。生物体内的有机物在细胞内经过一系列的氧化分解，最终生成二氧化碳或其他产物，并且释放出能量的总过程，叫做呼吸作用（又叫生物氧化）。

　　生物的呼吸作用包括有氧呼吸和无氧呼吸两种类型。

　　有氧呼吸是指细胞在氧的参与下，通过酶的催化作用，把糖类等有机物彻底氧化分解，产生出二氧化碳和水，同时释放出大量能量的过程。有氧呼吸是高等动物和植物进行呼吸作用的主要形式，因此，通常所说的呼吸作用就是指有氧呼吸。细胞进行有氧呼吸的主要场所是线粒体。一般说来，葡萄糖是细胞进行有氧呼吸时最常利用的物质。

　　有氧呼吸的全过程，可以分为三个阶段：第一个阶段，一个分子的葡萄糖分解成两个分子的丙酮酸，在分解的过程中产生少量的氢（用［H］表示），同时释放出少量的能量。这个阶段是在细胞质基质中进行的。第二个阶段，丙酮酸经过一系列的反应，分解成二氧化碳和氢，同时释放出少量的能量，这个阶段是在线粒体中进行的。第三个阶段，前两个阶段产生的氢，经过一系列的反应，与氧结合而形成水，同时释放出大量的能量。

这个阶段也是在线粒体中进行的。以上三个阶段中的各个化学反应是由不同的酶来催化的。在生物体内，1摩尔的葡萄糖在彻底氧化分解以后，共释放出2870千焦的能量，其中有1161千焦左右的能量储存在ATP中，其余的能量都以热能的形式散失了。

生物进行呼吸作用的主要形式是有氧呼吸。那么，生物在无氧条件下能不能进行呼吸作用呢？科学家通过研究发现，生物体内的细胞在无氧条件下能够进行另一类型的呼吸作用——无氧呼吸。

无氧呼吸一般是指细胞在无氧条件下，通过酶的催化作用，把葡萄糖等有机物质分解成为不彻底的氧化产物，同时释放出少量能量的过程。这个过程对于高等植物、高等动物和人来说，称为无氧呼吸。如果用于微生物（如乳酸菌、酵母菌），则习惯上称为发酵。细胞进行无氧呼吸的场所是细胞质基质。苹果储藏久了，为什么会有酒味？高等植物在水淹的情况下，可以进行短时间的无氧呼吸，将葡萄糖分解为酒精和二氧化碳，并且释放出少量的能量，以适应缺氧的环境条件。高等动物和人体在剧烈运动时，尽管呼吸运动和血液循环都大大加强了，但是仍然不能满足骨骼肌对氧的需要，这时骨骼肌内就会出现无氧呼吸。高等动物和人体的无氧呼吸产生乳酸。

此外，还有一些高等植物的某些器官在进行无氧呼吸时也可以产生乳酸，如马铃薯块茎、甜菜块根等。无氧呼吸的全过程，可以分为两个阶段：第一个阶段与有氧呼吸的第一个阶段完全相同；第二个阶段是丙酮酸在不同酶的催化下，分解成酒精和二氧化碳，或者转化成乳酸。以上两个阶段中的各个化学反应是由不同的酶来催化的。在无氧呼吸中，葡萄糖氧化分解时所释放出的能量，比有氧呼吸释放出的要少得多。

对生物体来说，呼吸作用具有非常重要的生理意义，这主要表现在以下两个方面：第一，呼吸作用能为生物体的生命活动提供能量。呼吸作用释放出来的能量，一部分转变为热能而散失，另一部分储存在ATP中。当ATP在酶的作用下分解时，就把储存的能量释放出来，用于生物体的各项生命活动，如细胞的分裂、植株的生长、矿质元素的吸收、肌肉的收缩、神经冲动的传导等。第二，呼吸过程能为体内其他化合物的合成提供原料。

在呼吸过程中所产生的一些中间产物，可以成为合成体内一些重要化合物的原料。例如，葡萄糖分解时的中间产物丙酮酸是合成氨基酸的原料。

发酵工程是指采用工程技术手段，利用生物，主要是微生物的某些功能，为人类生产有用的生物产品，或者直接用微生物参与控制某些工业生产过程的一种技术。人们熟知的利用酵母菌发酵制造啤酒、果酒、工业酒精，利用乳酸菌发酵制造奶酪和酸牛奶，利用真菌大规模生产青霉素等都是这方面的例子。

随着科学技术的进步，发酵技术也有了很大的发展，并且已经进入能够人为控制和改造微生物，使这些微生物为人类生产产品的现代发酵工程阶段。现代发酵工程作为现代生物技术的一个重要组成部分，具有广阔的应用前景。例如，利用 DNA 重组技术有目的地改造原有的菌种并且提高其产量；利用微生物发酵生产药品，如人的胰岛素、干扰素和生长素等。

植物呼吸化学式：

有机物（一般为葡萄糖 $C_6H_{12}O_6$）＋氧（通过线粒体）——（条件：酶）二氧化碳＋水＋能量

无氧呼吸化学式：

有机物（$C_6H_{12}O_6$）——$2C_2H_5OH$（酒精）＋$2CO_2$＋能量（$C_6H_{12}O_6$）——$2C_3H_6O_3$（乳酸）＋能量

食 物 链

生态系统中贮存于有机物中的化学能在生态系统中层层传导，通俗地讲，是各种生物通过一系列吃与被吃的关系，把这种生物与那种生物紧密地联系起来，这种生物之间以食物营养关系彼此联系起来的序列，在生态学上被称为食物链。按照生物与生物之间的关系可将食物链分为捕食食物链、腐食食物链（碎食食物链）和寄生食物链。

"食物链"一词是英国动物学家埃尔顿于 1927 年首次提出的。如果一种有毒物质被食物链的低级部分吸收，如被草吸收，虽然浓度很低，不影

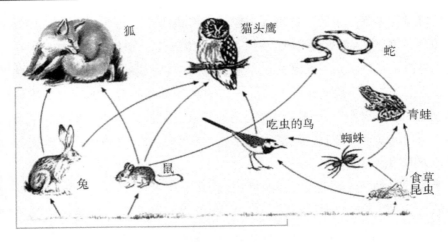

食物网

响草的生长，但兔子吃草后有毒物质很难排泄，当它经常吃草，有毒物质会逐渐在它体内积累，鹰吃大量的兔子，有毒物质会在鹰体内进一步积累。因此食物链有累积和放大的效应。美国国鸟白头鹰之所以面临灭绝，并不是被人捕杀，而是因为有害化学物质 DDT 逐步在其体内积累，导致生下的蛋皆是软壳，无法孵化。一个物种灭绝，就会破坏生态系统的平衡，导致其物种数量的变化，因此食物链对环境有非常重要的影响。

食物链是一种食物路径，食物链以生物种群为单位，联系着群落中的不同物种。食物链中的能量和营养素在不同生物间传递着，能量在食物链的传递表现为单向传导、逐级递减的特点。食物链很少包括 6 个以上的物种，因为传递的能量每经过一阶段或食性层次就会减少一些，所谓"一山不能有二虎"便是这个道理。

生态系统中的生物虽然种类繁多，并且在生态系统分别扮演着不同的角色，根据它们在能量和物质运动中所起的作用，可以归纳为生产者、消费者和分解者三类。

生产者主要是绿色植物，能用无机物制造营养物质的自养生物，这种功能就是光合作用，也包括一些化能细菌（如硝化细菌），它们同样也能够以无机物合成有机物，生产者在生态系统中的作用是进行初级生产或称为第一性生产，因此它们就是初级生产者或第一性生产者，其产生的生物量称为初级生产量或第一性生产量。生产者的活动是从环境中得到二氧化碳和水，在太阳光能或化学能的作用下合成碳水化合物（以葡萄糖为主）。因此太阳辐射能只有通过生产者，才能不断地输入到生态系统中转化为化学能力即生物能，成为消费者和分解者生命活动中唯一的能源。

消费者属于异养生物，指那些以其他生物或有机物为食的动物，它们直接或间接以植物为食。根据食性不同，可以区分为食草动物和食肉动物两大类。食草动物称为第一级消费者，它们吞食植物而得到自己需要的食物和能量，这一类动物如一些昆虫、鼠类、野猪一直到象。食草动物又可被食肉动物所捕食，这些食肉动物称为第二级消费者，如瓢虫以蚜虫为食，黄鼠狼吃鼠类等，这样，瓢虫和黄鼠狼等又可称为第一级食肉者。又有一些捕食小型食肉动物的大型食肉动物如狐狸、狼、蛇等，称为第三级消费者或第二级食肉者。又有以第二级食肉动物为食物的如狮、虎、豹、鹰、鹫等猛兽猛禽，就是第四级消费者或第三级食肉者。此外，寄生物是特殊的消费者，根据食性可看作是草食动物或食肉动物。但某些寄生植物如桑寄生、槲寄生等，由于能自己制造食物，所以属于生产者。而杂食类消费者是介于食草性动物和食肉性动物之间的类型，既吃植物，又吃动物，如鲤鱼、熊等。人的食物也属于杂食性。这些不同等级的消费者从不同的生物中得到食物，就形成了"营养级"。

由于很多动物不只是从一个营养级的生物中得到食物，如第三级食肉者不仅捕食第二级食肉者，同样也捕食第一级食肉者和食草者，所以它属于几个营养级。人类是最高级的消费者，他不仅是各级的食肉者，而且又以植物作为食物。所以各个营养级之间的界限是不明显的。

实际在自然界中，每种动物并不是只吃一种食物，因此形成一个复杂的食物链网。

生物链是不能根据自己的愿望来改变的，如果改变不当，则会对生物产生极大的影响。

食物链又称为"营养链"，指生态系统中各种生物以食物联系起来的链锁关系。例如池塘中的藻类是水蚤的食物，水蚤又是鱼类的食物，鱼类又是人类和水鸟的食物。于是，藻类—水蚤—鱼类—人或水鸟之间便形成了一种食物链。

分解者又称"还原者"。指生态系统中细菌、真菌和放线菌等具有分解能力的生物。它们能把动、植物残体中复杂的有机物，分解成简单的无机物，释放在环境中，供生产者再一次利用。

分解者是异养生物，其作用是把动植物残体内固定的复杂有机物分解为生产者能重新利用的简单化合物，并释放出能量，其作用与生产者相反。

分解者的作用在生态系统中的地位是及其重要的，如果没有分解者，动植物残体将会堆积成灾，物质将被锁在有机质中不再参与循环，生态系统的物质循环功能将终止，生态系统将会崩溃。分解者的作用不是一类生物所能完成的，不同的阶段需要不同的生物来完成。

分解者一般分为两类：一类是细菌和真菌（微生物），另一类是其他腐食性动物（如蜣螂、秃鹫、蚯蚓等）。

分解者的作用：它们将死亡的有机体分解为简单的无机物并释放出能量，其中无机物能再为植物所利用保持生态系统的循环。

池塘里的分解者有两类：一类是细菌和真菌，另一类是蟹、某些种类的软体动物和蠕虫。陆地上的分解者有生活在枯枝落叶和土壤中的细菌和真菌，还有蚯蚓、螨等无脊椎动物。

蚯蚓、屎壳郎是异养型微生物，如细菌、真菌、土壤原生动物和一些小型无脊椎动物，它们靠分解动植物残体为生，称为分解者。微生物在生态系统中起着养分物质再循环的作用。土壤中的小型无脊椎动物如线虫、蚯蚓等将植物残体粉碎，起着加速有机物在微生物作用下分解和转化的作用。此外，这些土壤动物也能够在体内进行分解，将有机物转化成无机盐类，供植物再次吸收、利用。

其他化学物质的循环

氧循环

动植物的呼吸作用及人类活动中的燃烧都需要消耗氧气，产生二氧化碳，但植物的光合作用却大量吸收二氧化碳，释放氧气，如此构成了生物圈的氧循环（氧循环和碳循环是相互联系的）。

氧在各圈层中的浓度如下：

地球整体：28.5%

地壳：46.6%

海洋：总量85.8%

大气：23.2%

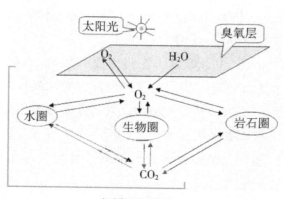

氧循环示意图

所有元素中，唯有氧是同时在地壳、大气、水圈和生物圈中都有着极大丰度的元素。因此，在生物界和非生物界，元素氧都有着极端重要的地位。

在地壳中，形成岩石的矿物质中约95%是硅酸盐，其主要结构单元是四面体的硅酸盐（SiO_4^{4-}）。其余5%的组分也大多含有氧元素，如石灰岩中的碳酸盐（CO_3^{2-}）、蒸发岩中硫酸盐（SO_4^{2-}）、磷酸盐岩石中的磷酸盐（PO_4^{3-}）等。氧的离子半径是 140 皮米（1 皮米 = 10^{-12} 米），除钙（100 皮米）、钠（102 皮米）、钾（138 皮米）外，地壳岩石中其他主要元素的离子半径都小于 80 皮米。正因为氧具有特别大的离子半径，所以以体积计的地壳元素组成中，氧占了极大的比例。当 SiO_4^{4-} 这类含氧基团在岩石发生风化碎裂时，通常仍能以不变的原形进入地球化学循环，即随水流迁移到海洋，进入海底沉积物，甚至重新返回陆地。因此，地壳中存在的氧可看成是化学惰性的。

大气中的氧主要以双原子分子 O_2 形态存在，并且表现出很强的化学活性。这种化学活性足以影响能与氧生成各种化合物的其他元素（如碳、氢、氮、硫、铁等）的地球化学循环。大气中的氧气多数来源于光合作用，还有少量系产生于高层大气中水分子与太阳紫外线之间的光致离解作用。

在此反应中同时产生 H_2 逸散到大气空间。

在紫外光作用下，大气中氧能转变为三原子分子臭氧。第一步是氧分子通过光解反应生成氧原子。

随后，氧原子和氧分子结合生成臭氧分子：

$$O + O_2 \longrightarrow O_3$$

通过以上反应，在距地面 10～40 千米的大气层上空形成了臭氧层，正常情况下，臭氧分子的形成过程和随后的分解过程在臭氧层中达到平衡，所以，臭氧层中的臭氧具有大体恒定的浓度；又由于臭氧的生成和分解都需要吸收紫外光，所以臭氧层成为地球上各种生物抵御来自太阳过强紫外光辐射的天然屏障。臭氧层对于地球生物，有着生死攸关的作用。

在组成水圈的大量水中，氧是主要组成元素；在水体中还有各种形式的大量含氧阴离子以及相当数量的溶解氧，它们无不对水圈或整个生物圈中的生物有着极为重要的意义。

在生物光合作用和呼吸作用的过程中，参与氧循环的物质有 CO_2、H_2O 等。化石燃料的燃烧和有机物腐烂分解过程则是与呼吸作用具有类似情况的一类氧化反应。对于呼吸作用和燃烧过程将分别在下一节和以后的有关章节中予以详述。

由于火山爆发或有机体腐烂产生 H_2S，能在大气中进一步被氧化为含氧化合物 SO_2，化石燃料燃烧及从含硫矿石中提取金属的过程中也都能产生 SO_2，这些 SO_2 在大气中被氧化为 SO_4^{2-}，然后通过酸雨形式返转地面。相似地，由微生物或人类活动产生的各种氮氧化合物最终也被氧化为 NO_3^-，然后通过酸雨形式返回地面。

在陆地（也少量地发生在海洋中），有许多金属通过氧化过程转化为不溶性氧化物；也有一些还原性的非金属可能被氧化为溶解性更大的化合物。如：

$$4Fe^{2+} + 3O_2 \longrightarrow 2Fe_2O_3$$
（易溶）　　　　（难溶）

$$S^{2-} + 2O_2 \longrightarrow SO_4^{2-}$$
（难溶）　　（易溶）

大气中的氧和水体中的溶解氧之间存在着溶解平衡关系。当由于某种外来原因引起平衡破坏时，该水—气体系还具有一定的自动调节、恢复平衡的功能。例如当水体受有机物污染后，水体中的细菌当即降解有机物并耗用水中溶解氧，被消耗的溶解氧就由大气中的氧通过气—水界面予以补给。反之，当大气中氧的平衡浓度由于某种原因（例如岩石风化加剧）低于正常浓度时，则水体中溶解氧浓度也相应降低。由此，水体中有机物耗氧降解作用缓慢下来，相反地促进了水生生物的光合作用（增氧过程），这样就会进一步引起表面水中溶解氧浓度逐渐提高到呈过饱和状态而逸散到大气中去。

氮循环

氮循环是描述自然界中氮单质和含氮化合物之间相互转换过程的生态系统的物质循环。

氮在自然界中的循环转化过程，是生物圈内基本的物质循环之一。如大气中的氮经微生物等作用而进入土壤，为动植物所利用，最终又在微生物的参与下返回大气中，如此反覆循环，以至无穷。

构成陆地生态系统氮循环的主要环节是：生物体内有机氮的合成、氨化作用、硝化作用、反硝化作用和固氮作用。

植物吸收土壤中的铵盐和硝酸盐，进而将这些无机氮同化成植物体内的蛋白质等有机氮。动物直接或间接

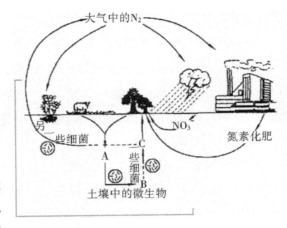

氮循环示意图

以植物为食物，将植物体内的有机氮同化成动物体内的有机氮。这一过程为生物体内有机氮的合成。动植物的遗体、排出物和残落物中的有机氮被微生物分解后形成氨，这一过程是氨化作用。在有氧的条件下，土壤中的氨或铵盐在硝化细菌的作用下最终氧化成硝酸盐，这一过程叫做硝化作用。

氨化作用和硝化作用产生的无机氮，都能被植物吸收利用。在氧气不足的条件下，土壤中的硝酸盐被反硝化细菌等多种微生物还原成亚硝酸盐，并且进一步还原成分子态氮，分子态氮则返回到大气中，这一过程被称作反硝化作用。由此可见，由于微生物的活动，土壤已成为氮循环中最活跃的区域。

空气中含有大约 78% 的氮气，占有绝大部分的氮元素。氮是许多生物过程的基本元素；它存在于所有组成蛋白质的氨基酸中，是构成诸如 DNA 等的核酸的 4 种基本元素之一。在植物中，大量的氮素被用于制造可进行光合作用供植物生长的叶绿素分子。

加工或者固定，是将气态的游离态氮转变为可被有机体吸收的化合态氮的必经过程。一部分氮素由闪电所固定，同时绝大部分的氮素被非共生或共生的固氮细菌所固定。这些细菌拥有可促进氮气和氢化和成为氨的固氮酶，生成的氨再被这种细菌通过一系列的转化以形成自身组织的一部分。某一些固氮细菌，例如根瘤菌，寄生在豆科植物（例如豌豆或蚕豆）的根

200

瘤中。这些细菌和植物建立了一种互利共生的关系，为植物生产氨以换取糖类。因此可通过栽种豆科植物使氮素贫瘠的土地变得肥沃。还有一些其他的植物可供建立这种共生关系。

其他植物利用根系从土壤中吸收硝酸根离子或铵离子以获取氮素。动物体内的所有氮素则均由在食物链中进食植物所获得。

氨循环

氨来源于腐生生物对死亡动植物器官的分解，被用作制造铵离子（NH_4^+）。在富含氧气的土壤中，这些离子将会首先被亚硝化细菌转化为亚硝酸根离子（NO_2^-），然后被硝化细菌转化为硝酸根离子（NO_3^-）。铵的两步转化过程被叫做氨化作用。

铵对于鱼类来说有剧毒，因此必须对废水处理植物排放到水中的铵的浓度进行严密的监控。为避免鱼类死亡的损失，应在排放前对水中的铵进行硝化处理，在陆地上为硝化细菌通风提供氧气进行硝化作用成为一个充满吸引力的解决办法。

铵离子很容易被固定在土壤尤其是腐殖质和黏土中。而硝酸根离子和亚硝酸根离子则因它们自身的负电性而更不容易被固定在正离子的交换点（主要是腐殖质）多于负离子的土壤中。在雨后或灌溉后，流失（可溶性离子譬如硝酸根和亚硝酸根的移动）到地下水的情况经常会发生。

硫循环

硫循环是指硫元素在生态系统和环境中运动、转化和往复的过程。硫是生物必需的大量营养元素之一，含量为 10.2% 数量级水平，是蛋白质、酶、维生素 B_1、蒜油、芥子油等物质的构成成分。

硫因有氧化合还原两种形态存在而影响生物体内的氧化还原反应过程。硫是可变价态的元素，价态变化在 −2 价至 +6 价之间，可形成多种无机和有机硫化合物，并对环境的氧化还原电位和酸碱度带来影响。自然界中硫

的最大储存库在岩石圈，在沉积岩、变质岩和火成岩三类岩石中总含量达
294800×10^{20} 克。

硫在水圈中的储存量也较大，在海水中含 13480×10^{20} 克，在极地冰帽、
冰山和陆地冰川中含 278×10^{20} 克，但在地下水、地面水、土壤圈、大气圈
中含量均较小。通过有机物分解释放 H_2S 气体或可溶硫酸盐、火山喷发
（H_2S、SO_4^{2-}、SO_2）等过程使硫变成可移动的简单化合物进入大气、水或
土壤中。土壤中氨化微生物可将含硫有机物质分解为氨和硫化氢，硫黄细
菌和硫化细菌可将硫化氢进一步转变为元素硫或硫酸盐，许多兼性或嫌气
性微生物又可将硫酸盐转化为硫化氢。

因此，在土壤和水体底质中，硫因氧化还原电位不同而呈现不同的化
学价态。土壤和空气中硫酸盐、硫化氢和二氧化硫可被植物吸收，每年全
球植物吸收硫总量约为 15×10^{18} 克，然后沿着食物链在生态系统中转移。陆
地上可溶价态的硫酸盐通过雨水淋洗，每年由河流携入海洋地硫总量达
132×10^{32} 克。海水和海洋沉积物中积蓄着最大量对生物有效态硫，总量达
16480×10^{20} 克。由于有机物燃烧、火山喷发和微生物氨化及反硫化作用等，
也有少量硫以 H_2S、SO_2 和硫酸盐气溶胶状态存在于大气中。近来由于工业
发展，化石燃料的燃烧增加，每年燃烧排入大气的 SO_2 量高达 147×10^6 吨，
影响了生物圈中硫的循环。

磷 循 环

磷灰石构成了磷的巨大储备库，而含磷灰石岩石的风化，又将大量磷
酸盐转交给了陆地上的生态系统。与水循环同时发生的则是大量磷酸盐被
淋洗并被带入海洋。

在海洋中，它们使近海岸水中的磷含量增加，并供给浮游生物及其消
费者的需要。而后，进入食物链的磷将随该食物链上死亡的生物尸体沉入
海洋深处，其中一部分将沉积在不深的泥沙中，而且还将被海洋生态系统
重新取回利用。

埋藏于深处沉积岩中的磷酸盐，其中有很大一部分将凝结成磷酸盐结

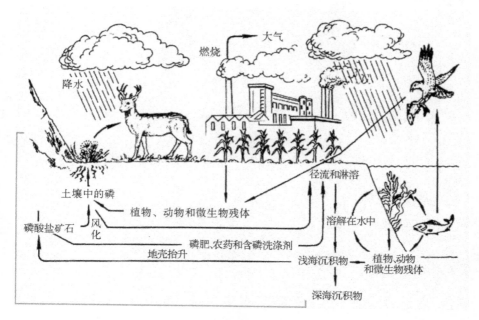

磷循环

核，保存在深水之中。一些磷酸盐还可能与 SiO_2 凝结在一起而转变成硅藻的结皮沉积层，这些沉积层组成了巨大的磷酸盐矿床。通过海鸟和人类的捕捞活动可使一部分磷返回陆地。但从数量上比起来，每年从岩层中溶解出来的以及从肥料中淋洗出来的磷酸盐要少多了。其余部分则将被埋存于深处的沉积物内。